中等职业教育农业部规划教材

茶艺
——基础知识

冯小琴 主编

中国农业出版社

内容简介

　　本书通过茶艺简史、茶闻逸事、鉴泉择水、赏器备具、茶艺技艺、茶艺表演、饮茶习俗、茶事服务等部分的讲授，使学生了解茶艺的起源、形成和发展历程；了解我国和国外部分国家的生活习惯和饮茶方式，领略茶在故土和异国他乡迥异的饮茶风情。掌握如何选择泡茶用水、茶具的选配要点、茶艺要素和冲泡要领，领悟茶艺优雅的内涵，学会如何表现茶艺之美。同时，掌握正确的茶事服务礼仪和不同类型的茶饮服务程序。从而提升学生的茶艺素养，以便在茶艺表演中能从容优雅、清静自然；在茶事服务中能以礼待客、真诚服务。

主　　编　冯小琴

副主编　徐丽萍

编写者　（按姓名笔画排序）

　　　　　冯小琴　宋露菊　徐丽萍

审　　稿　丁以寿

冯小琴，茶艺技师，在安徽省黄山茶业学校从事茶艺教学工作。酷爱茶，一直潜心钻研茶文化，在教学中注重实践教学，多次指导学生参加全国、省、市级茶艺技能大赛。2011年11月编创并指导的《徽州新娘茶》茶艺表演，荣获安徽省首届国际茶艺邀请赛金奖。

前 言

本教材被列入中等职业教育农业部"十二五"规划。

我国是茶文化的发祥地,茶文化历史悠久、渊远流长。"清茶一杯"、"客来敬茶"既是物质上的享受,又是对情操的陶冶,代表了高雅朴实的民族风尚,茶文化是华夏优秀文化的一个重要组成部分。

20世纪80年代以来,随着社会经济的发展和人们生活品位的提高,茶文化热也不断升温,全国各地茶艺馆、茶文化中心等不断涌现。同时,也带动了茶叶学科和茶产业的发展,市场呼唤茶文化人才。

现在,全国很多中等职业学校都陆续开办了茶文化专业,虽然有关的茶艺书籍很多,但系统性的教材相对少,主要是书的内容针对性和适用性相对较弱。因此,中等职业学校茶文化专业课程设置和教材建设是当务之急。

本教材是围绕"培养具有一定的文化基础知识和综合职业能力,在生产、服务、技术和管理第一线工作的高素质劳动者和中、初级专门人才"的目标进行编写的。内容主要围绕初级和中级茶艺师的职业技能考核标准,突出针对性、实用性和可操作性。本教材通俗易懂,图文并茂,书后附有茶艺师考试模拟试题和国家茶艺师职业标准。

本教材由冯小琴、徐丽萍、宋露菊共同编写。绪论、第三章、第五章和第六章由冯小琴编写;第一章、第二章、第七章和第八章由徐丽萍编写;第四章由宋露菊编写。

本教材在编写过程中,参阅了大量专家和学者的相关资料,得到了各参编学校、黄山谢裕大茶叶股份有限公司、黄山松萝有机茶叶开发有限公司、安徽

天方茶业（集团）有限公司等茶企业、茶艺馆以及郑毅、蒋建明、邵鑫、方永建等老师的大力支持和有益指导，在此一并表示诚挚的感谢！

本教材通俗易懂，图文并茂，适于中职学校相关专业师生使用，也可供广大从业人员及茶艺爱好者参考，或用作培训教材。

由于编者水平有限，错误之处在所难免，欢迎广大读者批评指正。

编　者

2012 年 2 月

目 录

前言

绪论 ··· 1
 一、茶艺的概念 ·· 1
 二、茶艺的地位与功用 ·· 2
 三、茶艺与茶道、茶俗的关系 ·· 3
 四、茶艺基础知识的内容体系和学习方法 ·· 3

第一章　茶之语——茶艺简史 ·· 5
第一节　茶饮的起源 ·· 5
 一、传说与记事 ·· 5
 二、茶饮的功用与起源 ·· 6
 三、饮法源流 ·· 6
第二节　古今茶艺史话 ·· 7
 一、唐代的茶艺 ·· 7
 二、宋代的茶艺 ·· 9
 三、明清的茶艺 ·· 10
 四、现代的茶艺 ·· 12
复习思考题 ·· 13

第二章　茶之趣——茶闻逸事 ·· 14
第一节　名茶典故 ·· 14
 一、黄山毛峰的传说 ·· 14
 二、西湖龙井的传说 ·· 15
 三、洞庭碧螺春的传说 ·· 15
 四、安溪铁观音的传说 ·· 16
 五、武夷大红袍的传说 ·· 17
第二节　茶饮轶事趣闻 ·· 18
 一、茶饮轶事 ·· 18
 二、茶饮健康趣闻 ·· 19
复习思考题 ·· 20

第三章　茶之母——鉴泉择水 ·· 21
第一节　古人的择水观 ·· 21

一、古人论水 ·· 21
　　二、古人择水的标准 ·· 23
第二节　现代人对泡茶用水的选择 ·· 24
　　一、我国饮用水的水质标准 ·· 24
　　二、水质对茶汤的影响 ··· 24
　　三、宜茶用水 ·· 25
第三节　古今名泉赏析 ··· 27
　　一、庐山谷帘泉——茶圣口中第一泉 ··· 27
　　二、镇江中泠泉——扬子江心第一泉 ··· 27
　　三、北京玉泉山玉泉——乾隆御赐第一泉 ·································· 28
　　四、济南趵突泉——大明湖畔第一泉 ··· 28
　　五、无锡惠山泉——天下第二泉 ·· 29
　　六、杭州虎跑泉 ·· 29
复习思考题 ··· 30

第四章　茶之父——赏器备具 ··· 31

第一节　茶器具的分类 ··· 31
　　一、瓷器茶具 ·· 31
　　二、紫砂茶具 ·· 34
　　三、玻璃茶具 ·· 35
　　四、其他材质茶具 ·· 36
第二节　茶器具与茶的关系 ·· 37
　　一、茶器具对茶品质的影响 ·· 38
　　二、茶器具对茶艺演示的影响 ·· 40
第三节　茶器具的组合 ··· 41
　　一、茶器具组合要点 ·· 41
　　二、茶器具组合范例 ·· 42
第四节　茶器具的清洁与保养 ··· 43
　　一、茶具的清洁工作 ·· 43
　　二、茶具的保养知识 ·· 43
复习思考题 ··· 44

第五章　茶之雅——茶艺技艺 ··· 45

第一节　茶艺的类型 ·· 45
　　一、生活型茶艺 ·· 45
　　二、表演型茶艺 ·· 48
第二节　茶艺的冲泡要领 ··· 50
　　一、茶叶的用量 ·· 50
　　二、冲泡的水温 ·· 51
　　三、浸泡的时间 ·· 52
　　四、冲泡的次数 ·· 52

第三节　茶艺要素 ··· 53
一、人文要素 ··· 53
二、物质要素 ··· 55
复习思考题 ·· 58
【操作训练】 ·· 58

第六章　茶之韵——茶艺表演 ·· 59
第一节　确立茶艺表演的主题 ·· 59
一、以茶品为主题 ·· 60
二、以茶事活动为主题 ·· 60
三、以地方文化为主题 ·· 60
第二节　茶艺表演的准备 ··· 60
一、编排 ·· 60
二、备席 ·· 61
三、备服饰 ··· 63
四、备境 ·· 63
第三节　茶艺表演之美 ·· 65
一、内涵美 ··· 65
二、解说美 ··· 66
三、神韵美 ··· 67
第四节　茶艺表演赏析 ·· 68
一、茶艺表演赏析 ·· 68
二、茶席设计作品赏析 ·· 71
复习思考题 ·· 72
【操作训练】 ·· 73

第七章　茶之融——饮茶习俗 ·· 74
第一节　中国的饮茶风俗 ··· 74
一、汉族的清饮 ··· 74
二、藏族的酥油茶 ·· 75
三、蒙古族的咸奶茶 ··· 76
四、维吾尔族的奶茶与香茶 ·· 77
五、白族的三道茶 ·· 77
六、客家的擂茶 ··· 78
第二节　部分国家的饮茶习俗 ·· 79
一、英国饮茶习俗 ·· 79
二、美国饮茶习俗 ·· 80
三、俄罗斯饮茶习俗 ··· 81
四、摩洛哥饮茶习俗 ··· 81
五、日本饮茶习俗 ·· 82
六、韩国饮茶习俗 ·· 83

复习思考题 ··· 85

第八章　茶之和——茶事服务 ·· 86

第一节　茶事礼仪 ·· 86
一、仪容、仪表 ·· 86
二、服务姿态 ··· 86
三、礼貌、礼节 ·· 87

第二节　茶事服务 ·· 88
一、接待准备 ··· 88
二、服务程序 ··· 89

第三节　茶点选配 ·· 90
一、茶点的分类 ·· 90
二、茶点的选配 ·· 91

第四节　茶艺人员的职业道德 ·· 93
一、职业道德的基本知识 ··· 93
二、职业道德的基本准则 ··· 93
三、培养职业道德的途径 ··· 94
四、职业守则 ··· 95

　　复习思考题 ··· 95

　　【操作训练】 ··· 96

附录一　中级茶艺师模拟测试试题及答案 ·· 97
附录二　国家职业标准——茶艺师 ·· 101

主要参考文献 ·· 104

绪　论

茶艺是饮茶的艺术，源于生活，又高于生活，可谓是生活情趣艺术。茶艺起源于中国，后来传播到世界各地，并与各国各地区的文化结合，形成了各具特色的茶艺。

一、茶艺的概念

茶艺古已有之，当代的"茶艺"一词是由20世纪70年代中国台湾茶人提出的，现已被海峡两岸茶文化界所认同、接受。然而何谓"茶艺"？茶文化界仍无定论，对茶艺概念的理解也存在着一定程度的争议。1977年，以台湾娄子匡教授为主的茶饮爱好者们，提出恢复品饮茗茶的民俗，并提及"茶道"这个词。但是，有人指出："茶道"虽然发源于中国，但已为日本专美于前，如果现在提出"茶道"恐怕会引起误会，以为是把日本茶道搬到台湾来；另

盖碗杯茶艺

外，"茶道"这个词过于严肃，中国人对于"道"字特别庄重，认为"道"是很高深的东西，要人们很快就普遍接受不太容易。于是提出"茶艺"，经过讨论，"茶艺"一词由此而生。因此，"茶艺"是中国台湾提出的新名词。"茶艺"的出现，使一些茶业界、文化艺术界、宗教界及社会人士纷纷参与和投入其中，开办各种茶艺活动。各种茶艺馆也如雨后春笋般涌现，茶艺一词被广泛接受。

什么是茶艺？各家的解释见仁见智，并无统一而明确的定义，如：

（1）"茶艺"包括两个方面，科学的和人文的。一是技艺、科学地泡好一壶茶的技术；二是艺术、美妙地品享一杯茶的方式。中国茶艺之美是属于心灵的美，欣赏茶艺之美，是要把自我投入到整个过程当中来观察整体（范增平）。

（2）茶艺和茶道精神，是中国茶文化的核心。我们这里所说的"艺"是指制茶、烹茶、品茶等艺茶之术；我们这里所说的"道"，是指艺茶过程中所贯彻的精神。有道而无艺，那是空洞的理论；有艺而无道，艺则无精、无神（王玲）。

（3）茶艺专指泡茶的技艺和品茶的艺术（陈文华）。

（4）所谓茶艺，是指备器、选水、取火、候汤、习茶的一套技艺（丁以寿）。

综上所述，对于茶艺的概念理解，可谓众说纷纭，目前较多赞成按狭义的定义来理解。通俗地说，茶艺就是指泡茶的技艺和品茶的艺术。其中又以泡茶的技艺为主体，因为只有在泡好茶之后，才谈得上品茶。因此，不但要科学地泡好一壶茶，还要艺术性地泡好一壶茶。也就是说，不但要掌握茶叶鉴别、火候、水温、冲泡时间、动作规范等等技术问题，还要注意冲泡者在整个操作过程中的艺术美感问题，让观赏者有美的享受。

二、茶艺的地位与功用

1. 茶艺的地位

（1）茶艺在茶文化中的地位。茶艺是综合性的艺术，它与美学、文学、绘画、书法、音乐、舞蹈、服饰、插花等相结合，构成茶艺文化。茶艺是茶文化的基础，是茶文化的重要组成部分。学习茶文化，最基本的就是学习茶艺。学习茶艺，也就是学习中华传统文化，弘扬茶艺，就是弘扬茶文化及中华传统文化。

（2）茶艺在茶产业中的地位。茶艺的发展，给茶产业带来了活力。目前，全国各地开展的茶文化交流活动、茶叶博览会等，都有精彩的茶艺表演，这些对茶产业的发展和茶叶的推介都起到了潜移默化的促进作用。同时，茶产业的发展也为茶艺提供了更好的发展空间，两者可谓是相辅相成，相得益彰，互相推动，互相促进。

2. 茶艺的作用 随着社会的进步，人们生活水平、生活质量的提高，茶艺也得到了进一步的丰富、提高和发展。因此，学习茶艺可以达到以下目的：

（1）美化生活。泡茶、饮茶本是生活常事，但现在已将其发展成一门生活艺术，使得日常生活艺术化，这就极大地美化了我们的生活，充满了诗情画意。在激烈的社会和市场竞争下，紧张而繁忙的工作、学习、应酬，复杂的人际关系，以及各类依附在人们心理上的压力都十分繁重。学习茶艺，可以缓解人们的精神压力，使身心得到放松，以便保持充沛的精力和饱满的情绪更好地完成自己的工作。

（2）陶冶情操。茶艺就是以严格的规律，促使一个人的思想以高尚和文雅的方式表现在行为上，同时，在情绪、衣着、器具、修养、举止、品味等方面保持特有的规范，通过视觉、味觉、嗅觉、触觉、听觉来感受茶叶的形态、色泽、香气、滋味；领悟涤器、煮水、冲泡、品饮过程的节奏韵律；于静观默识之中体会天人合一的境界。因此，茶艺能调节情志，净化心灵，陶冶性情。

黄山毛峰茶

（3）提高素质。茶艺是茶文化的基础，是茶文化的重要组成部分。学习茶文化可以从茶艺学起，茶艺融合了文学、美学、琴棋书画等诸多文化艺术知识。学习茶艺，可以了解中华民族优秀的传统文化，有助于提高文化艺术素质。

三、茶艺与茶道、茶俗的关系

1. 茶艺与茶道　茶道是以养生修心为宗旨的饮茶艺术,包含茶艺、茶境、茶礼、茶修四大要素。其中茶艺是基础,茶修是目的,茶境、茶礼是辅助。茶艺可以独立于茶道而存在,茶道以茶艺为载体,依存于茶艺。茶艺的重点在"艺",重在习茶艺术,主要给人以审美享受;茶道重点在"道",旨在通过茶艺修身养性、参悟大道。茶道包含茶艺,其内涵大于茶艺。茶艺的外延大于茶道,介于茶道与茶文化之间。

2. 茶艺与茶俗　所谓茶俗,是指一些地区性的用茶风俗,诸如婚丧嫁娶中的用茶风俗、待客用茶风俗、饮茶习俗等,讲茶俗一般指的是饮茶习俗。

中国地域辽阔,民族众多,饮茶历史悠久,在漫长的历史中形成了丰富多彩的饮茶习俗。不同的民族往往有不同的饮茶习俗,同一民族因居住地不同,饮茶习俗也不相同。如四川的"盖碗茶",江西修水的"菊花茶"、婺源的"农家茶",浙江杭嘉湖地区和江苏太湖流域的"熏豆茶",云南白族的"三道茶"、拉祜族的"烤茶"等。茶俗是中华茶文化的构成要素之一,具有一定的历史价值和文化意义。

茶艺重在烹茶技艺和品饮艺术,追求技之精,品饮之趣。茶俗侧重在喝茶和食茶,满足的是生理、物质需要,讲求的是礼法、风俗。其中有些茶俗经艺术加工、提炼,可以为茶艺表演之用,但绝大多数的茶俗只是民族文化、地方文化的一种。

婺源的"农家茶"表演
(江西省婺源茶叶学校茶艺表演队)

四、茶艺基础知识的内容体系和学习方法

1. 茶艺基础知识的内容体系　茶艺基础知识是茶文化专业的一门骨干课程。全书共有九个部分组成,首先通过茶饮的起源和古今茶艺史话讲述了我国两千多年的饮茶史中不同历史时期的饮茶方式;通过茶的传说典故和茶饮轶事趣闻去了解茶的品质特征以及茶的功用。其次讲述了古今茶人的择水标准和茶器具的分类及组合原则,以便更好地选择泡茶用水和合理地、艺术地选配茶器具;再次通过茶艺技艺和茶艺表演讲述了茶艺的冲泡要领和茶艺的六要素以及茶艺表演的相关要求,以便能掌握正确的冲泡技艺,充分展示茶艺之美。最后介绍了中国和外国的饮茶习俗以及茶艺在日常接待中的应用等。

2. 茶艺基础知识的学习方法

(1) 与茶艺技能实训课程相结合。本课程虽是一门以理论为主的课程,但也结合相应的实践操作。同时与本课程相配套学习的是茶艺技能实训课程。茶艺技能实训主要以实践操作为主，两门课程相互促进、融会贯通，以理论指导实践，在实践中加深对理论的理解，从而更好地掌握茶艺基础知识。

（2）与日常生活应用相结合。茶艺是生活艺术，与日常生活息息相关。因此，学习茶艺基础知识，需要积极思考，找出茶艺知识与生活的相关性，增强茶艺知识的应用意识，从而激发学习兴趣，感受茶艺知识在现实生活中无处不在，无处不用，在日常生活中时时学习。

（3）与相关文化艺术相结合。茶艺融合了相关的文化艺术，如文学、音乐、书画、插花、美学等。因此，要想学好茶艺，也必须要修学一些相关的文化艺术知识，增强艺术修养，以便能更好地掌握茶艺、学好茶艺。

第一章

茶之语——茶艺简史

位居世界三大健康饮品之首的茶，在中国人心目中占有独特的地位。茶遍及社会生活的各个角落，茶是人们生活的必需品，饮茶更是生活情趣的体现。随着人类社会的发展，在前人细煎慢饮、品茶悟道的历程中，茶饮由生活化走向艺术化，千年的历练使烹茶技艺日臻完善，品饮艺术更是出神入化。伴随制茶工艺的不断改进，烹饮方法也由煮茶、煎茶、点茶演变为泡茶，并形成与之相应的各类茶艺。

第一节　茶饮的起源

茶是大自然赐予人类的特殊恩惠，中国茶饮历史悠久，相关资料表明饮茶为中国人首创，世界其他地方的种茶、饮茶习惯是直接或间接地从中国传过去的。有关茶饮的起源最早可追溯到神农时代，这在很多的古书史料中都有记载。

一、传说与记事

据世界上现存最早的药学专著《神农本草经》记载："神农尝百草，一日而遇七十二毒，得茶而解。"讲的就是神农氏为寻找药物给族人治病，亲自尝试多种天然植物，并因之中毒，都被茶叶奇迹般地解除了毒性，这是关于茶饮起源的一个美丽传说。而唐代茶圣陆羽所著的世界上第一部茶学专著《茶经》中所写："茶之为饮，发乎神农氏，闻于鲁周公。"是今人普遍认可的关于茶饮起源的权威性观点。这都说明在距今四五千年前的神农时代，饮茶已进入华夏先民的日常生活。

高山茶

依《全汉文》卷四十二中王褒《僮约》所记："烹茶尽具，武都买茶"；常璩著的《华阳国志》中，也云："武阳出名茶"。据考证，荼为茶之本字，而所谓"武都"与"武阳"，都指代今四川彭山市江口镇。陶元珍在《三国食货志》云："蜀饮酒之风，似不及魏吴，当由饮茶之风特盛于蜀,茶足以代酒故也";唐《膳夫经手录》称:"蜀茶南走百越,北临五湖,……自谷雨以后,岁取数百万斤,散落东下";而清初大儒顾炎武在研读了古人的茶叶著述后,更发出了"秦人取蜀而后,始知茗饮之事"的惊叹。公元前53年,雅安人吴理真在蒙顶山种下七棵茶树,首开了世界人工茶栽培之先河,不少文字记载和史迹都佐证,今四川省雅安地区蒙山山脉片区是全世界最早人工种茶的区域,这说明中国茶叶最早兴起于巴蜀。

可见,茶饮发源于神农时代,发源地在巴蜀地区。

二、茶饮的功用与起源

茶具有食用、药用、饮用及作祭品多种利用价值,这是茶饮形成和发展的根本原因。学术界对最初利用茶的方式众说不一,目前有3种说法关于"起源说"。

1. 祭品说 这一说法认为茶与一些其他的植物最早是作为祭品用的,后来有人偿食之发现食而无害,先是作祭品,继而转为菜食,而后药用,最终成为饮料。

2. 药物说 这一说法认为茶最初是作为药用进入人类社会的。史料《神农本草经》上载:"茶味苦,饮之使人益思、少卧、轻身、明目";东汉时期医圣张仲景用茶治便脓血取得很好的疗效;三国魏时张揖在《广雅》中最早记载了药用茶方和烹茶方法:"荆巴间采茶作饼,成以米膏出之。若饮,先炙令色赤,捣末置瓷器中,以汤沃覆之,用葱、姜芼之。其饮醒酒,令人不眠";药王孙思邈在《千金要方》中肯定地说:"茶令人有力、悦志";神医华佗在《食论》中也讲述了:"苦茶,久食益意思"的道理。这些都是这一说法的证明。

3. 食物说 认为古者民茹草饮水,民以食为天,食在先最符合人类社会的进化规律。茶叶最初应当为果腹食用,即作为口嚼食料或烤煮的食物,并逐渐成为药料饮用。故它先于"药用"和"祭祀"。

大致是在唐代陆羽的《茶经》传世以后,茶在社会各阶层被广泛普及为饮品。所以宋代有诗云:"自从陆羽生人间,人间相学事春茶"。以上说明,茶饮的起源与茶的多种功效密切相关,并因其重要的饮用功能得以很好的传承和发展。如今,茶已被中国人自豪地称为"国饮"。同时,茶饮的医疗保健效用,亦增强了它的珍贵性,作为祭品、贡品、礼品已广泛地应用于各类社交活动。

三、饮法源流

饮茶始于西汉,从西汉至今,茶的烹饮方法不断发展变化,历经煮茶、煎茶、点茶到泡茶4种烹饮方法。饮茶方式演变的进程实际上也是中华饮茶文化不断向前发展的文明历程。在此进程中,茶饮的内涵也得到新的拓展。明朝,药茶方在社会上广泛使用,宫廷和普通百姓都十分乐于接受这种养生保健方式;著名医药学家李时珍著的《本草纲目》这部药典中,也记载了茶药合用的研究成果。到了清朝,茶饮从单纯的茶叶或以茶为主、茶药合用的传统方式,又发展为以其他中药为主,甚至无茶叶全为中药(仅像饮茶那样饮用而已,故又称为代茶饮)的全新饮茶模式,这种开拓性的行为,创造了茶饮的新概念。茶饮内涵的更新,应用范围的扩大,使茶饮在医疗保健中的地位空前提高。药茶在清朝宫廷中尤其备受推崇,这一时期太医们的药茶技术也达到很高的水准,药茶技术被推向茶饮史之高峰。今天,在走过千年文明的中华大地上,茶保健依然独树一帜,清饮、调饮、代茶饮各领风骚,昔日绽放异彩的饮茶艺术如今更加生机勃勃,灿烂辉煌。

第二节　古今茶艺史话

西晋杜育的《荈赋》一文,对茶、水、器的具体描述,可视为中华茶艺的雏形。如择水:"水则岷方之注,挹彼清流",说的是要择取岷江中的清水;选器:"器择陶简,出自东隅",是说茶具应选用产自东隅(今浙江上虞一带)的瓷器;煎茶:"沫沉华浮,焕如积雪,晔若春",是描述煎好的茶汤,汤华浮泛,像白雪般明亮,如春花般灿烂;酌茶:"酌之以匏,取式公刘",则是说要用匏瓢酌分茶汤。即其内容涉及茶艺的四要素。而依确切史料记载,有明确形式和具体操作技法真正意义上的茶艺,学术界多数认为萌芽于唐,发皇于宋,改革于明,极盛于清,可谓历史渊源久远,且自成系统。

考察中国的饮茶历史,饮茶法有煮、煎、点、泡4类,形成的茶艺有煎茶法、点茶法、泡茶法。3种茶艺都包括备器、选水、取火、候汤、习茶五大环节,但各环节的器具、行茶技法、要求各自不同,各具特色。

一、唐代的茶艺

自唐代开始,饮茶风尚流行全国,该时期也可说是"比屋皆饮"、"投钱取饮"的饮茶黄金时代。常言道:"开门七件事,柴米油盐酱醋茶",茶成了我国各族人民生活中的必需品;而"琴棋书画诗酒茶"之言,说明茶又是人们精神生活中的雅事,亦被誉为"盛世之清尚"。

大山高士图(邵鑫提供,作者张敏)

唐朝是茶饮发展史上最重要的时期之一,饮茶上至王公贵族,下至平民百姓,各个阶层都乐此不疲。该时期,人们对茶叶品质和饮用方式的改良,使茶艺得到空前的发展,饮茶的艺术日趋成熟。同时,诞生了世界上第一部茶的著作——茶圣陆羽的《茶经》,此书对茶的起源、名称、品质、种植、栽培、加工制作、品茶用具、水质、饮茶习俗等有关艺茶之术作了详尽的阐述，使茶学成为一门专门的技艺和科学，对全世界茶业发展起到了巨大的推动作用。《茶经》首开历史之先河，全面、系统地论述和总结了当时的茶艺形式，是今人全方位地了解唐代茶艺的宝贵历史资料。

唐时，全套的碾茶、泡茶、饮茶器具及方便携带与收藏器具用的精巧小橱子，共24件。一般王公贵族家庭所用茶具多为金属，而民间以用陶瓷茶碗为主，瓷制茶碗主要为青釉、白釉两种。唐代饮茶从备器、取火、择水、炙茶，到碾末、罗英、煮泉、育华，再到酌茗、品韵等，茶艺足足有24道工序。每道工序都极其奢华、考究、精美。唐朝盛行的主要是煎茶茶艺，茶经为艺之本，其五大环节如下：

1. 备器 《茶经》"四之器"章列茶器24件，分别是风炉、炭挝、火䇲、交床、夹纸囊、碾拂末、罗、合、则、水方、漉水囊、瓢、竹䇲、鹾簋、揭、碗、熟盂、畚、札、涤方、滓方、巾、具列以及统贮茶器的都篮。这些大小形状各异的古茶器就是煎茶茶艺所必需的物什，也反映出当时烹茶之法是极为严谨的，烹茶前应备好所用器具。

2. 选水 《茶经》"五之煮"云：其水，用山水上，江水中，井水下；其山水，拣乳泉，石池漫流者上；其江水，取去人远者；井，取汲多者。依此可见，陆羽对水的讲究，其晚年又撰《水品》一书，评判天下之水可分20等，再度说明择水对烹茶之重要。唐人煎茶皆循此道。

3. 取火 《茶经》"五之煮"云：其火，用炭，次用劲薪。其炭曾经燔炙为膻腻所及，及膏木，败器，不用之。是说烤茶时，用木炭取火最好，其次是

《茶经》（黄山谢裕大茶叶股份有限公司提供）

硬柴；烤过肉沾有腥膻油腻的木柴，不能用来烤茶；朽木也不能用来烤茶。这一环节对燃料做出了明确的规定，这是茶吸附性强应避异味，保其真香、真味的技艺。

4. 候汤 《茶经》"五之煮"云：其沸，如鱼目，微有声为一沸，缘边如涌泉连珠为二沸，腾波鼓浪为三沸，已上，水老不可食也。说明煮水时间的把握是煎茶之关键。

5. 习茶 包括藏茶、炙茶、碾茶、罗茶、煎茶、酌茶、品茶等。要求各工序要得法，技艺要精湛。

据报道：为再现失传的唐代茶文化，2010年成都杜甫草堂会同有关专家，经过挖掘整理古籍文献和反复实验，结合唐代的文化、民俗、服饰等元素，从茶叶的制作、茶具的制作搭配、择水到茶艺表现手法，编创了"唐风茶韵"茶艺，完成了唐代茶艺的重现。表演使用的茶器极其讲究，相关资料显示，它们都是根据法门寺出土文物复制的唐代24件精美饮茶器物。"唐风茶韵"体现了佳茗、妙器、活火、净水、胜境、精艺的高度和谐，展现了茶的真香、真色、真味。

唐代饮茶方式的考究是前所未有的，对茶之色、香、味的研究也是精细空前，无怪后人说"茶兴于唐"。

二、宋代的茶艺

宋人饮茶承袭隋唐、五代风范,宫廷崇尚茶宴,民间斗茶盛行,饮茶方式以"点茶法"为主。这在唐庚的《斗茶记》、蔡襄的《茶录》、审安老人的《茶具图赞》、赵佶的《大观茶论》等著作中均有记载。所谓"点茶法"就是把茶团碾磨成粉末,放入茶碗中,以沸水冲入,然后用"茶筅"搅拌,使茶汤成为乳状。这种以点茶法为主体特征的风靡宋代之点茶茶艺,亦有五大环节:

1. 备器 宋元之际的审安老人作《茶具图赞》列"茶具十二先生姓名字号",附图及赞语。《茶录》、《茶论》、《茶谱》等书对点茶用器也有相关记录。归纳起来点茶茶艺的主要茶器有:茶炉、汤瓶、砧椎、茶铃、茶碾、茶磨、茶罗、茶匙、茶筅、茶盏等。与唐代茶艺器具相比,最大的不同是用于击拂茶汤的特色器具"茶筅",正是使用这样的工具,使宋代文人和僧人之间盛行的古茶艺,分茶时得以使其汤沫幻化为物象,创造出前所未有的美轮美奂的"茶百戏",也称"水丹青"。

2. 选水 宋人选水基本承袭唐人以山水上、江水中、井水下的观点。而宋徽宗在《大观茶论》"水"篇中发表了独到的见解,他认为"水以清轻甘活为美,轻甘乃水之自然,独为难得。古人品水,虽曰中泠、惠山为上,然人相去之远近,似不常得,但当取山泉之清洁者。其次,则井水之常汲者为可用。若江河之水,则鱼鳖之腥、泥泞之汁,虽轻甘无取。"故主张水以清轻甘活好,以山水、井水为用,反对用江河水。这种观点今天看来更具科学性。

3. 取火 宋人对取火燃料、火候的掌控、要求与唐人基本相同。

4. 候汤 蔡襄《茶录》"候汤"条载:"候汤最难,未熟则沫浮,过熟则茶沉。前世谓之蟹眼者,过熟汤也。汤瓶中煮之不可辨,故曰候汤最难。"赵佶《大观茶论》"水"条记:"凡用汤以鱼目蟹眼连绎迸跃为度,过老则以少新水投之,就火顷刻而后用。"蔡襄认为蟹眼已过熟,而赵佶认为鱼目蟹眼连绎迸跃为度。今人认为:汤的老嫩应视茶而论,茶嫩则以蔡说的是,茶老则以赵说的是。可见,蔡襄、赵佶所言皆对,可能是二人选用的茶品不同。故煮水是重要的艺茶之术,沏茶水温当视茶品不同而具体对待。

5. 习茶 点茶茶艺习茶程序主要有:藏茶、洗茶、炙茶、碾茶、磨茶、罗茶、焙盏、点茶(凋膏、击拂)、品茶等。各程序各有技艺要求,宋徽宗赵佶在《大观茶论》中详尽地描述了"点茶"的方法,具体描述为:

要点出好的茶汤,必须取茶粉适量,注入沸水方法得当,才能调制成如同融胶状的茶汤。具体方法是沸水要分次注入:

茶 筅

第一次注入沸水时,要沿着碗内壁周围注入,不要直接冲到茶粉上,开始注水时,用茶筅搅动的手势宜轻,先搅成茶糨糊,然后边注水，边快速击拂（搅动），使之上下透彻，乳沫随之产生；第二次注入沸水时，可直接冲茶汤表面，但宜急注急止，这时已形成的乳沫没有消失，同时用力击拂，这时可看到白绿色小珠粒状乳沫堆积起来；第三次注入沸水的量如前，但击拂的动作宜轻，搅动要均匀，这时白绿色粟米蟹眼般水珠粒状乳沫已盖满茶汤表面；第四次注入沸水的量可以少一些，茶筅击拂动作要再轻一点，让茶汤表面的乳沫增厚堆积起来；第五次注入沸水时，击拂宜轻宜匀，乳沫不多时可继续击拂，如乳沫足够时即停止击拂，使乳沫凝聚如堆积的雪花为止，形成最理想的茶色；第六次注水要看乳沫形成的情况而为之，乳沫多而厚时，茶筅只沿碗壁轻轻环绕拂动即可；第七次是否注水，要看茶汤稀稠程度和乳沫形成的多少而定，茶汤稀稠程度适可，乳沫堆积很多时，就可不必注入沸水了。经过 7 次注水和击拂，乳沫堆积很厚，并紧贴着碗壁不露出茶水，这种状况称之为"咬盏"。这时才可用茶匙将茶汤均分至茶盏内供饮用。

宋徽宗关于"点茶法"的文字论述，把"点茶"的操作程序和茶汤效果都介绍得明明白白，也使后人有幸对当时的用茶形式能够有更全面的认识。而据宋代蔡京的《延福宫曲宴记》中记载："宣和二年十二月癸巳，召宰执、亲王等曲宴延福宫……上命近侍取茶具，亲手注汤击拂，少倾白乳浮盏面，如疏星淡月，顾诸臣曰，此自布茶，饮毕皆顿首谢。"此描述宋徽宗亲自点汤、分茶赐宴群臣的场景，也说明点茶、分茶是宋代皇帝和朝廷推崇的古茶艺。

宋代文人雅士爱茶、品茶、颂茶，可谓登峰造极。蔡襄在其所著《茶录》中对点茶、分茶有详尽的论述；苏轼的《叶嘉传》，明写人，暗写茶，且文中暗含点茶法。此外，朱权、钱椿年、顾元庆、屠隆、张谦德、丁谓、范仲淹、梅尧臣、欧阳修、林逋、黄庭坚、陆游等人也都有茶诗、雅文传世，对宋代茶艺发展都有相当大的贡献。

仿古茶器

三、明清的茶艺

明清茶人继承了唐宋茶人饮茶修道的思想，讲究品茗修道的环境。如明代徐渭《徐文长秘集》中：茶宜精舍、云林、竹灶、幽人雅士、寒宵兀坐、松月下、花鸟间、清白石、绿藓苍苔、素手汲泉、红装扫雪、船头吹火、竹里飘烟等等。足见对品茗环境清幽雅致之求已达登峰造极。不仅于此，明代还设计出专供茶艺用的茶寮，使茶事活动有了固定的场所。茶寮的发明、设计，可说是明清茶人对茶艺的一大贡献。该时期茶事一大变革是明代皇帝朱元璋 1391 年正式下诏废团茶，致使团茶生产衰落，散茶兴起。受此影响，茶艺也发生新的变化，"泡饮法"兴起并逐步占据主导地位。清人震钧在《茶说》中认为："泡饮法"就是"于水瀹生茗而饮之"，即把茶置于容器中，加入沸水冲泡后直接饮用。可见，与今天的饮茶方式已没有太大区别了。

明清的泡茶茶艺，同样包括备器、选水、取火、候汤、习茶五大环节。

1. 备器 泡茶道茶艺的主要器具有茶炉、汤壶（茶铫）、茶壶、茶盏（杯）等。

2. 选水 明清茶人对水的讲究比唐宋有过之而无不及。茶书中，大多涉及择水、贮水、品泉、养水的内容。比如，田艺蘅撰《煮泉小品》，就是专门论水的茶书。书中言："山厚者泉厚，山奇者泉奇，山清者泉清，山幽者泉幽，皆佳品也。不厚则薄，不奇则蠢，不清则浊，不幽则喧，必无佳泉。"是说泉水的品质和山高、山势、植被等相关。

3. 取火 张源《茶录》"火候"条载：烹茶要旨，火候为先。炉火通红，茶瓢始上。扇起要轻疾，待有声稍稍重疾，新文武之候也。由此可知，对火候的掌控可谓极其重要。

取火候汤

4. 候汤《茶录》"汤辨"条载：汤有三大辨十五辨。一曰形辨，二曰声辨，三曰气辨。形为内辨，声为外辨，气为捷辨。如虾眼、蟹眼、鱼眼、连珠皆为萌汤，直至涌沸如腾波鼓浪，水汽全消，方是纯熟；如初声、转声、振声、骤声皆为萌汤，直至无声，方是纯熟；如气浮一缕、二缕、三四缕，及缕乱不分，氤氲乱绕，皆是萌汤，直至气直冲贯，方是纯熟。又"汤用老嫩"条称："今时制茶，不假罗磨，全具元体，此汤须纯熟，元神始发。"这些就是煮水的精要，艺茶时可多加体会。

5. 习茶 明清茶叶生产方式和饮用方式发生了很大的变化，绿茶制作由蒸、焙改为炒青，饮茶方法由煮饮改为开水冲泡，适于冲饮的茶具型制也趋向小型、多样，冲泡方式不拘一格，亦繁亦简，主要有：

（1）壶泡法。据《茶录》、《茶疏》、《茶解》等书载，壶泡法的一般程序包括藏茶、洗茶、浴壶、泡茶（投茶、注汤）、涤盏、酾茶、品茶。

（2）撮泡法。此法撮茶入杯而泡，是直接在茶杯（盏）中泡茶并饮用之法，故简便易行。据《茶考》记："杭俗烹茶用细茗置茶瓯，以沸汤点之，名为撮泡。"主要程序有涤盏、投茶、注汤、品茶。

（3）工夫茶。从工夫茶已有的茶具查考，工夫茶"萌芽期"可追溯到明代后期，其形成于清代，流行于广东、福建和台湾地区，是一种用小茶壶泡青茶（乌龙茶）的泡茶法。

主要程序包括浴壶、投茶、出浴、淋壶、烫杯、酾茶、品茶等，传统的说法为：孟臣淋霖、乌龙入宫、悬壶高冲、春风拂面、重洗仙颜、若琛出浴、游山玩水、关公巡城、韩信点兵、鉴赏三色、喜闻幽香、品啜甘露、领悟神韵。这种工夫泡法，也是乌龙茶的绝佳泡法，不仅有利于乌龙茶性溢发，也是乌龙茶艺日臻完善的体现。

总之，明清"泡饮法"的出现对于饮茶习惯的推广，特别是向国外的传播及民间"俗饮"的发展意义深远，茶之所以成为目前世界上最为流行的不含酒精的饮料，与"泡饮法"这种简便易行的方式是分不开的。

四、现代的茶艺

近百年来，在开发传统茶饮的研究中，现代科技手段广泛应用，古老的茶饮文化得以推陈出新。从历史上看，中华茶艺则有煎茶茶艺、点茶茶艺、泡茶茶艺三大类。在泡茶茶

工夫茶艺

盖碗杯茶艺

艺中，因使用泡茶茶具的不同而分为壶泡法和杯泡法两大类。清代以来，从壶泡法茶艺又分化出专属冲泡青茶的工夫茶艺，杯泡法茶艺又可细分为盖碗杯泡法茶艺和玻璃杯泡法茶艺，而当代茶人又借鉴工夫茶具和泡法来冲泡非青茶类的茶，另称之为工夫法茶艺。加上少数民族和某些地方饮茶习俗形成的民俗茶艺，则当代茶艺可分为工夫茶艺、壶泡茶艺、盖碗杯泡茶艺、玻璃杯泡茶艺、工夫法茶艺、民俗茶艺六类。

台湾工夫茶器具

在当代的六类茶艺中，还可因茶品、地域等不同，形成更多的分支类别。如工夫茶艺可分为潮汕工夫茶艺、武夷工夫茶艺、台湾工夫茶艺等，盖杯泡茶艺又可分为绿茶盖杯泡茶艺、红茶盖杯泡茶艺、花茶盖杯泡茶艺等；民俗茶艺则有四川的盖碗茶、云南白族的三道茶等。

就工夫茶艺而言，标准的工夫茶艺，有后火、虾须水、捅茶、装茶、烫杯、热罐（壶）、高冲、低斟、盖沫、淋顶十法。工夫茶艺器具包括：炉子、茶锅、冲罐、茶杯、茶池，由一个作为"鼓面"的盘子和一个类似"鼓身"的圆罐组成，盘子上有四小眼，为漏水用，而圆罐容纳由盘子漏下的废茶水。这种传统的工夫茶具既有普遍的使用价值又独具艺术魅力，流行于潮汕地区。与之相比较，饮茶习俗源于闽粤的台湾，其工夫茶艺也不断创新，在继承大陆工夫茶艺基本理念的基础上衍生出了众多的流派。台湾工夫茶艺操作规范化程度更高，且已经形成了百姓与众多茶艺馆紧密结合的一种大众饮茶消费的形式。器具主要有茶船、茶壶、茶荷、闻香杯、品茗杯、茶托、茶巾、随手泡等。其在茶具的更新

换代上，更是穷工毕智，异彩纷呈。这是中华茶艺的骄傲。

此外，茶艺表演也是五彩纷呈，如陕西《仿唐宫廷茶艺》、上海《仿清文人茶艺》、云南《三道茶茶艺》、福建《乌龙茶茶艺》、浙江《龙井茶茶艺》、安徽《祁门红茶茶艺》、江西《禅茶茶艺》等等都极富艺术特色，这些茶艺表演佳作使今日的茶艺发展更加欣欣向荣。

茶艺表演（江西省婺源茶叶学校茶艺表演队）

复习思考题

1. 我国茶饮起源的传说是怎样的？据史料考证是在何时、何地？
2. 试述我国唐代、宋代、明清各时期的茶艺形式。
3. 试述现代茶艺的分类。

第二章

茶之趣——茶闻逸事

茶有益思之功，健康之效；有道是品茶，一人得幽，二人得趣，三人得味；品茗叙谈，围炉夜话，有如潺潺春水，又似汩汩清泉，茶情、雅兴皆在其中；古往今来，茶激扬了多少冥思遐想、文情诗韵，又诉说了几多娓娓情怀、款款心曲；茶之传说、趣闻、轶事可说是妙趣横生、五彩纷呈。

第一节　名茶典故

一、黄山毛峰的传说

黄山毛峰产于安徽省黄山市，是中国十大名茶之一。特级黄山毛峰形似雀舌，白毫显露，色似象牙，鱼叶金黄，汤色清澈，滋味鲜浓、醇厚、甘甜，叶底嫩黄，肥壮成朵。

黄山位于安徽省南部，这里山高、土质好，气候温暖湿润，"晴时早晚遍地雾，阴雨成天满山云"，适合茶树生长，且产茶历史悠久。所产名茶"黄山毛峰"，品质极佳。据《中国茶经》、《徽州商会资料》记载，黄山毛峰起源于清光绪年间（1875年前后），当时有位歙县漕溪人谢正安（字静和）开办了"谢裕大"茶行。为了迎合市场需求，清明前后，亲自率人到充川、汤口等高山名园选采肥嫩芽叶，经过精细炒焙，创制了风味俱佳的优质茶，

黄山毛峰

由于该茶白毫披身，芽尖似峰，取名"毛峰"。因数量极少，先运到上海新挂牌的"谢裕大茶庄"，英国茶商品尝后连声称赞。不仅毛峰迅速名扬上海，亦为茶庄屯绿外销打通渠道。后因毛峰产地，既属黄山源，又邻近黄山，则称"黄山毛峰"。

说起这种珍贵的茶叶，民间有许多颇为有趣的传说。明朝天启年间，江南黟县新任知县熊开元携书童游黄山，迷路，途遇一位腰挎竹篓的老和尚，便借宿于寺院中。长老泡茶敬客，但见这茶叶色微黄，形似雀舌，身披白毫；开水冲泡下去，只见热气绕碗边转了一圈，转到碗中心便直线升腾，约有一尺（尺为非法定计量单位，1尺≈33.3厘米）高，而后在空中转一圈，化作一朵白莲花；那白莲花又慢慢上升化成一团云雾，最后散成一缕缕

热气飘荡开来，顿时清香满室。知县细问方知此茶名叫黄山毛峰。临别时长老赠送此茶一包，黄山泉水一葫芦，并叮嘱一定要用此泉水冲泡方能出现白莲奇观。熊知县回县衙后正遇同窗旧友太平知县来访，便用此茶款待好友，太平知县大开眼界，甚是惊喜。后他到京城禀奏皇帝，欲献仙茶邀功请赏。然皇帝传令他进宫表演时，却不见白莲奇观，皇上大怒，太平知县只得据实道出此茶实为黟县知县熊开元所献。皇帝即传令熊开元进宫受审，熊开元进宫后方知此乃未用黄山泉水冲泡之故，于是，讲明缘由后请求回黄山取水。熊知县再次来到黄山拜见长老，求得黄山泉水。回京后在皇帝面前再次冲泡玉杯中的黄山毛峰，果然出现了白莲奇观。皇帝龙颜大悦，道："朕念你献茶有功，升你为江南巡抚，三日后就上任去吧"。熊知县因之彻悟，暗忖"黄山名茶尚且品质清高，何况人呢？"于是，卸官服玉带，到黄山云谷寺出家做了和尚，法名正志。这一有趣的传说，其间也暗合了"茶；香叶，嫩芽；慕诗客，爱僧家"之言。茶出深山，其性本洁，乃参禅修道之灵芽。

二、西湖龙井的传说

西湖龙井产于浙江省杭州西湖，是我国十大名茶之一，历史上曾分为"狮"、"龙"、"云"、"虎"、"梅"5个品号，现统称西湖龙井茶。此茶产于西湖四周的群山之中，素以"色绿、香郁、味甘、形美"四绝著称。其外形扁平挺秀，色泽嫩绿，内质清香味醇，泡在杯中，芽叶色绿，好比出水芙蓉，栩栩如生。"欲把西湖比西子，从来佳茗似佳人"；"院外风荷西子笑，明前龙井女儿红"。这类优美的语句如诗如画，堪称是西湖龙井茶的绝妙写真。

"茶中之美数龙井"，而龙井茶又以西湖龙井为最美。传说，清朝年间，乾隆帝六次南巡，先后四次驾临龙井茶区查看茶农采茶、制茶。相传这位嗜茶的长寿之君还亲自动手采茶，曾把在胡公庙老龙井寺采的一些茶芽夹在书中带回京城，献给皇太后观赏。太后看了被书夹扁了的茶芽甚是欢喜，并指

龙井茶

定要这样的贡茶，从此，龙井茶就保持了这种独特的书签外形。如今，若到杭州旅游还可以看到胡公庙山门外生长着的当年乾隆帝采摘过并赐封为"御茶"的18株老茶树。

三、洞庭碧螺春的传说

碧螺春产于江苏省苏州市太湖洞庭山，是中国十大名茶之一，其成品茶外形紧密，条索纤细，嫩绿隐翠，清香幽雅，鲜爽生津，汤色碧绿清澈，叶底柔匀，饮后回甘。洞庭碧螺春的前身是产于西山水月寺的水月茶，又称小青茶。据《太湖备考》等史志记载，清康熙三十八年（1669）四月，康熙南巡至浙江回京，途经苏州，江苏巡抚宋辉以洞庭"吓煞人香"茶进献，康熙饮后大加赞赏，因其茶"清汤碧绿，外形如螺，采制早春"，故而赐名为"碧螺春"。自此，碧螺春每年进贡朝廷，名扬天下。

关于碧螺春名称的来历民间另有说法。很早以前，东洞庭莫厘峰上有一种奇异的香气，人们误认为有妖精作祟，不敢上山。一天，有位胆大勇敢、个性倔强的姑娘去莫厘峰砍柴，行至半山腰，闻到一股清香，也感惊奇，就朝山顶观看，看来看去并没有发现什么奇异怪物。心想何不上去探个究竟？于是，爬上悬崖，来到峰顶，却见在石缝里长着几株绿油油的茶树，一阵阵香味似乎是从树上发出来的。她走近茶树，采摘了一些芽叶揣在怀里，就下山了，谁知一路走，怀里散发的茶香愈来愈浓，这异香熏得她如痴似醉。回到家，姑娘又累又渴，就把怀里的茶叶取了出来，这不打紧，但觉满屋芬芳，姑娘大叫："吓煞人哉！吓煞人哉！"边说边撮了些芽叶泡上一杯喝了起来。只觉碗到嘴边，香沁心脾，一口下咽，满口芳香；二口下咽，喉润头清；三口下咽，疲劳消除。姑娘喜出望外，决心把宝贝茶树移回家来栽种。第二天一早，她带上锄

碧螺春

头，上山把小茶树挖了出来，并移植在西洞庭的石山脚下，精心培育。几年以后，茶树长得枝壮叶茂，茶树散发出来的香气，吸引了远近乡邻，姑娘用采下的芽叶泡茶招待大家，但见这芽叶满身茸毛，香浓味爽，令乡亲赞不绝口，好奇地问是何茶，姑娘随口答曰："吓煞人香。"从此，吓煞人香茶，渐渐被更多的人引种繁殖，遍布了整个洞庭西山、东山，随采制加工技术的逐步提高，形成了现今具"一嫩三鲜"（即芽叶嫩，色、香、味鲜），形似螺旋，满披茸毛的碧螺春茶。

四、安溪铁观音的传说

铁观音产于福建省安溪县，是乌龙茶的极品，其品质特征是：茶条卷曲，肥壮圆结，沉重匀整，色泽砂绿，整体形状似蜻蜓头、螺旋体、青蛙腿。冲泡后汤色多黄浓艳似琥珀，有天然馥郁的兰花香，滋味醇厚甘鲜，回甘悠久，俗称有"观音韵"。其茶香高而持久，可谓"七泡有余香"。

关于铁观音的由来，在安溪留传着这样一个故事。相传，清乾隆年间，安溪西坪上尧有个名叫魏饮的茶农，制得一手好茶。每日清晨和黄昏都要泡茶三杯，供奉观音菩萨，十年如一日，从不间断，礼佛至诚。一夜，魏饮梦见山崖上有一株透发兰花香味的茶树，正想采摘，却被一阵狗吠声惊醒。巧的是第二天，他在崖石上真的发现了一株与梦中一模一样的茶树。于是，采了一些芽叶，带回

安溪铁观音

家中，精心制作。所制之茶，味极甘醇鲜爽，饮后令人精神振奋。魏饮心想这一定是菩萨神灵，赐我茶之精英，遂把这株茶挖回家精心培植。几年后，但见茶树枝繁叶茂，风姿卓然，茵茵神韵，喜不自胜。念成茶美如神灵、重如铁，又是观音托梦所得，故称它"铁观音"。从此，铁观音名扬天下。

五、武夷大红袍的传说

大红袍产于福建省武夷山，属于品质特优的"茗枞"，各道工序全部由手工操作，以精湛的工艺精制而成。成品茶外形条索紧结，色泽绿褐鲜润，冲泡后汤色橙黄明亮，香气馥郁，滋味醇厚，"岩韵"明显。据武夷山老茶人说，九龙窠崖壁上的几株茶树，以前称为"奇丹"，奇丹之所以改名大红袍，是民国初崇安县长吴石仙游览天心寺时，僧人以茶招待，吴品后大加赞叹。于是，主持带他去九龙窠查看茶树。时值黄昏，夕阳如血，映衬着茶树红光熠熠，如同红袍披身，吴问茶名时，主持脱口称其"大红袍"，且有茶树旁的摩崖石刻"大红袍，民国三十二年吴石仙题"为证。

大红袍

此茶在民间广为流传着另一个样本。古时，有一穷秀才上京赶考，路过武夷山时，因饱受风寒，病倒路旁。幸被天心寺老方丈遇见，抬回寺中，施以九龙窠壁所产茶叶。茶喝下去，秀才的病就神奇的好了，且文思较病前更加敏捷。后来秀才金榜题名，中了状元，并被招为东床驸马。一个春日，状元特地回天心寺还愿谢恩，在老方丈的陪同下，来到九龙窠，但见峭壁上长着三株高大的茶树，枝繁叶茂，一簇簇嫩芽在阳光下闪着紫红色的光泽，极为尊贵。老方丈指着茶树道：去年你犯鼓胀病，就是泡用这种茶治好的。相传很久以前，每逢春日茶树发芽时，寺僧就鸣鼓召集群猴，令其穿上红衣裤，爬上绝壁采下鲜叶，而后炒制成茶收藏，有治百病的神效。状元听罢即欲求制一盒进贡皇上。

第二天，庙内点烛烧香、击鼓鸣钟，招来大小和尚，共向九龙窠进发。众人一行来到茶树下，先焚香礼拜，然后采下芽叶，精工细制，装入锡盒，交给状元。状元郎带茶回京，正遇皇后肚疼鼓胀，卧床不起，而太医们却束手无策，状元立即向皇上献茶陈言此茶之神功，皇后饮服后，果然茶到病除。皇上龙颜大悦，赐大红袍一件，命状元前往武夷山嘉赏。一路上礼炮轰响，火烛通明，至九龙窠，状元命一樵夫爬上半山腰，将皇上赐的大红袍披在茶树上，以示皇恩。说也奇怪，等掀袍时，三株茶树的芽叶在阳光下闪出夺目的红光，众人都说这是大红袍染的，此后，这三株茶树就被尊称为"大红袍"。并在其旁石壁上刻下"大红袍"三个大字。自此，大红袍就成了年年岁岁的贡茶。

一种茶叶一世情，每座茶山都刻有茶农的艰辛，每片绿叶都沾满茶农的汗水，每种茶叶都有自己曲折离奇的身世，千年的古韵茶语，说不尽也道不完。

第二节　茶饮轶事趣闻

一、茶饮轶事

1. 苏轼妙联"茶与坐"　民间传说苏东坡初到杭州做官时，常游历名寺。有一天，换了便装，前往莫干山一座庙中游玩。寺中主持不认识他，只当是普通香客，只淡淡地招呼一声"坐"，并对小和尚吩咐道"茶"。二人谈了一会儿，主持发现苏东坡谈吐不凡，不由肃然起敬改口说"请坐"，又郑重吩咐小和尚道"敬茶"。谈到后来，主持知眼前此人就是新任太守、名闻天下的苏东坡，急忙起身离座，打躬作揖，满脸堆笑，连声道"请上坐"，又再三叮嘱小和尚"敬香茶"。茶毕，主持求赐墨宝，苏东坡毫不推辞，微微一笑，挥笔写道："坐，请坐，请上坐；茶，敬茶，敬香茶。"主持看了，极为尴尬。此"茶与坐"联，成了日后讥讽势力小人的经典名句。

2. 茶墨结缘之佳话　相传有一天，司马光约了十余人，聚会斗茶取乐，要求自带最好茶叶、最珍贵的茶具等赴会。席间他们看茶样、闻茶香、尝茶味、评茶品茶，当时以时尚白茶质佳。司马光、苏东坡带的都是白茶，评比结果自然名列前茅，然因苏东坡用于泡茶的是雪水，茶味更纯正，因此苏东坡的白茶略胜一筹。胜者得意洋洋，司马光心有不服，便设法挫其气焰，于是笑问东坡："茶欲白，墨欲黑；茶欲重，墨欲轻；茶欲新，墨欲陈。君何以同爱两物？"众人听了拍手叫绝，都认为这题

茶墨结缘

出得好，定可难住苏东坡。谁知苏东坡微微一笑，于室内踱了几步，稍加思索后，欣然反问："奇茶妙墨俱香，公以为然否？"众皆信服。妙哉奇才！茶墨有缘，兼而爱之，茶益人思，墨兴茶风，相得益彰，一语道破，真是妙人妙言。自此，茶墨结缘，传为美谈。

3. 乾隆与"扣指"茶礼　乾隆微服下江南，一次，到松江"醉白池"游玩，与随从在附近一家茶馆坐下歇脚。茶馆伙计摆上茶碗，而后退至离桌几步远，拿起大铜壶朝碗里冲茶，只见茶水犹如一条白练自空而降，不偏不倚，不溅不洒冲进碗里。这道奇观，令乾隆忍不住上前，从伙计手里拿过大铜壶，照样画葫芦，向其余的茶碗里冲茶。随从见皇上为自己冲茶，吓得想跪下叩恩，可又怕暴露乾隆的身份，情急之下，纷纷屈起手指，"笃笃笃"不停地在桌子上叩击。事后，乾隆不解地问随从："你们为什么用手指叩击桌子？"答道："万岁爷给奴才倒茶，万不敢当，以手指叩击桌子，既可以避免泄漏皇上身份，也是代表叩头致谢也"。以后，民间便有了以手指叩桌谢礼的风尚。

4. 丐、翁共壶啜茗　《清稗类抄》第四十七册有一故事：潮州某富翁好茶，一日，

有丐至，倚门立，睨翁而言："闻君茶甚精，能赐一杯否？"富翁哂曰："汝乞儿，亦解此乎？"丐曰："我昔亦富人，以茶破家，今妻孥犹在，赖行乞自活。"富人因斟茶与之。丐饮竟曰："茶固佳矣，惜仍未醇厚，盖罐太新之故也。我有一壶，昔日所常用，今每出必随身携带，虽冻馁，未甘舍。"索观之，洵精绝，色黝然。启盖，则香气清洌，不觉爱慕，假以冲茶，味果清醇，迥异于常，因欲购之。丐曰："吾不能全售。此壶卖价三千金，今当售半与君，君与吾一千五百金，取以布置家事，即可时至君斋，与君啜茗清谈，共享此壶，如何？"富翁欣然诺。丐取金归，自后果日至其家，烹茶对坐，若故交焉。从这则故事中，不难看出爱茶人之茶情至真、至诚、至信。

二、茶饮健康趣闻

明代医学家李时珍，在《本草纲目》这部医药学专著中详细论述了茶的药用功效。其清热解毒、生津解渴、提神醒脑、入药之功效广为人知。

1. 启智、益思之功　陆羽《茶经》："苦救渴，饮之以浆；蠲忧忿，饮之以酒；荡昏寐，饮之以茶。"其友僧皎然《饮茶歌诮崔石使君》有句："一饮涤昏寐，情思爽朗满天地。再饮清我神，忽如飞雨洒轻尘。三饮便得道，何须苦心破烦恼。"茶的解渴、涤烦、醒神、开悟之功效尽现文中。

尹桂茂《茶道》："文人饮茶，以茶助思。"文人清饮雅尝，品味茶香，怡情悦性，构思腹稿；或下笔千言，或挥毫作画，佳作自茶中来。真可谓："茶滋墨生韵，墨助茶文香。"

明屠本撰《茗笈》："饮茶以客少为贵。客众则喧，喧则雅趣乏矣。独啜曰幽，二客上曰胜，三四曰趣。"文人学者聚首，浅斟细酌，谈艺论学，互相启发，互为补充，字稳句妥，佳作辄成。如1955年潮剧著名编曲人员杨其国、黄钦赐作《陈三五娘》曲时，茶炉不熄，边饮边商讨，其终稿曲之优美，轰动海内外。此中铁观音茶功不可没。

《茶　经》

2. 茶助健康之效　茶对人的身心健康有很好的调节作用。

乾隆是历代皇帝中的长寿者。他25岁登基，在位60年，政局稳定，国泰民安。他治国有方，养生也很得法，一生以茶为伴，晚年更是嗜茶如命。他几下江南，到过不少著名的茶产地，品茶龙井、君山银针、大红袍、铁观音等；写过不少茶诗、茶文，对品茶和鉴泉都十分精通。乾隆的御花园里辟有一间茶室，四壁书画，陈列精致，环境幽雅。他每天从政之余就到茶室品茗，修身养性，让自己在繁忙的政务中保持健康的身心。茶就是他修身养性的灵丹妙药。

慈禧在乱世纷争的生活中，也有一套养生之道。据宫中御女官司德龄记录：一个太

金银花茶

监送进一杯茶来，茶杯是纯美玉做的，茶托和盖碗都是金的。接着又有一个太监捧着一只银托盘，里面有两只和前一只完全相同的白玉杯子，一只盛金银花，一只盛玫瑰花，杯子旁边还有一双金筷。两个太监都在太后面前跪下，将茶托举起，于是太后揭开金盖，夹了几朵金银花放进茶水里。金银花性寒味甘，清热解毒，茶水浸金银花，既增进了茶的滋味，也强化了茶水的健身效果，不失为一种好的饮茶方法。晚上，太后要喝一杯糖茶后上床，枕填有茶叶的枕头，认为这样可以安神养身。慈禧太后每隔10天要服一次珍珠粉，且每次用茶水送服，目的是美容。这种养生之法，令她年过七旬，仍肌肤白嫩，容光夺人。足见茶之清热、安神、美容之效。

《梵天卢丛录》："普洱茶，性温味香，治百病，茶制以竹箬成团裹，价等兼金。"具独特的陈香、滋味醇和且有回甘的普洱茶深受大众喜爱。在适宜的浓度下，饮用此茶对胃无刺激作用，因为黏稠、甘滑、醇厚的普洱茶汤进入人体肠胃，即形成膜附着于胃的表层，对胃起到有益的保护。长期饮用普洱茶，养胃、护胃之功效显著，尤其冬季饮用效果更佳。同时，普洱茶因能使胆固醇及甘油酯减少，故具降脂、减肥的作用，此茶也有促使血管舒张、血压下降、心率减慢和脑部血流量减少等作用，又具降压、抗动脉硬化的作用。故普洱茶是现代健康保健的放心茶。

复习思考题

1. 简述两种名茶的传说故事。
2. 复述苏轼题写"茶与坐"茶联的故事。
3. 试述普洱茶的健康功效。

第三章

茶之母——鉴泉择水

古往今来，大凡提到茶事，总是将茶与水相提并论。由于茶的色、香、味、形，以及对人体有益的保健营养成分，是通过用水冲泡后，以眼看、鼻闻、口尝的方式供人们享用，好茶只有配上好水，才能充分呈现茶的香醇甘美。因此，中国人历来很讲究泡茶用水的选择，自古就有"水为茶之母"之说。

第一节 古人的择水观

中国文人饮茶，历来重于"品"，就是一杯佳茗在手，慢慢观其色、闻其香、尝其味，缓缓地品尝，细细地欣赏，从而领略茶之真趣。陆羽的"其水，山水上，江水中，井水下"成为千百年来人们品茗用水所遵循的定律。"龙井茶，虎跑泉"，"扬子江中水，蒙顶山上茶"，这些楹联闻名遐迩，说明名茶只有配上好水，才能相得益彰，相映生辉。

明代茶人张大复在《梅花草堂笔谈》中讲过："茶性必发于水，八分之茶，遇十分之水，茶亦十分矣；八分之水，是十分之茶，茶只八分耳。"可见水质能直接影响到茶质，泡茶的水质好坏，对茶叶的色、香、味，特别是对茶汤的滋味影响很大。难怪历代文人对泡茶用水十分讲究了。

一、古人论水

中国唐代以前，尽管饮茶已较为普遍，但习惯在煮茶时加入各种香辛佐料，对色、香、味、形并无多大要求，因而，对水品要求也不高。到了唐代，陆羽的《茶经·五之煮》："其水，用山水上、江水中、井水下。其山水，拣乳泉，石池漫流者上。"开创了古人论水的先河。陆羽对煮茶用水的论述，精辟简要。此后，论水成为文人的情趣，择水成为茶人最关心的事之一。

唐代宗年间，陆羽在扬州大明寺，御史李季卿出任湖州刺史途经扬州时，邀陆羽一同前往。当船行到镇江附近，靠岸休息。李季卿对扬子江南零水泡茶早有所闻，又深

松荫品茗图（摄于黄山谢裕大茶叶股份有限公司茶行）

知陆羽善于评茶和品水，于是笑着对陆羽说："陆君善于品茶，盖天下闻名矣！况扬子江南零水又殊绝，今者二妙千载一遇，何旷之乎？"于是命一位随从，前去南零取水。军士取水归来后，陆羽"用勺扬其水"，便说："江则江矣，非南零者，似临岸之水。"军士说："我操舟江中，见者数百，汲水南零，怎敢虚假？"陆羽一声不响，将水倒掉一半，再"用勺扬之"，才点头说道："这才是南零水矣！"军士听此言，不禁大惊，不敢再瞒，只好如实相告。原来，因江面风急浪大，取水上岸时，因船颠簸，壶水晃出近半，于是在江边加满，不想被陆羽识破，连呼："处士之鉴，神鉴也！"李季卿见此情景，对陆羽惊叹不已。这就是被广为传诵的陆羽鉴水故事。

宋代大文豪王安石平生爱茶，也精于验水、品水。他晚年患痰火之症，多方求医，均不奏效，唯有用长江三峡的瞿塘中峡水，烹煮阳羡茶才有疗效。一年，正逢大文学家苏东坡被谪迁黄州。因苏东坡家在四川，此去湖北黄州，需经瞿塘峡，王安石故相托于他："倘尊眷往来之便，将瞿塘中峡水携一瓮寄与老夫，则老夫衰老之年，皆子瞻所延也。"不料苏东坡一时心情不好，随从又只顾观赏三峡风光，直到下峡，忽想起王安石汲水之托。无奈只好取下峡水一瓮，因碍于情面，隐去实情。谁知王

山泉水（一）（贺雅娟提供）

安石煮茶品味后，立即指出此水并非瞿塘中峡之水，苏东坡大惊，便问王安石："何以辨之？"王安石道："上峡水流急，下峡水流缓，唯中峡水流急缓相半，以上、中、下三峡之水烹阳羡茶，上峡味浓，下峡味淡，中峡浓淡适度，此水煮阳羡茶，最利于治中脘病症。"苏东坡听后，既感惭愧，又佩服不已。

此外，古代文人雅士中爱茶爱水之人还热衷于对水的品评，提出自己对水的看法，把天下之水排出等次。唐代张又新的《煎茶水记》中收录了两份评水记录，一份是刘伯刍的，一份是陆羽的。刘伯刍将宜茶用水分为七等：扬子江南零水第一；无锡惠山寺石泉水第二；苏州虎丘寺石泉水第三；丹阳县观音寺水第四；扬州大明寺水第五；吴松江水第六；淮水最下，第七。陆羽将宜茶用水分为20等：庐山康王谷水帘水第一；无锡县惠山寺石泉水第二；蕲州兰溪石下水第三；峡州扇子山下有石突然，泄水独清冷，状如龟形，俗云蛤蟆口水，第四；苏州虎丘寺石泉第五；庐山招贤寺下方桥潭水第六；扬子江南零水第七；洪州西山西东瀑布水第八；唐州柏岩县淮水源第九；庐州龙池山岭水第十；丹阳县观音寺水第十一；扬州大明寺水第十二；汉江金州上游中零水第十三；归州玉虚洞下香溪水第十四；商州武关西洛水第十五；吴松江水第十六；天台山西南峰千丈瀑布水第十七；郴州圆泉水第十八；桐庐严陵滩水第十九；雪水第二十。关于《煎茶水记》里的评水记录的真伪，各家看法不尽相同，但说明了古人对水有很深的研究，撰写的许多专门论水的著作，对水的品评，至今仍有借鉴意义。

二、古人择水的标准

随着饮茶方法的演变,从唐代的煎茶法、宋代的点茶法到明清时期的撮泡法,人们对宜茶用水的认识也处在不断的变化中。唐人对于水的认识是从水源的角度,所谓山水、江水、井水等都是水源的不同;宋人对于水的认识则是从水的味道出发的;到了明清时期,对水的认识又有了一个新的角度——重量。综合分析古人对泡茶用水的选择,归纳起来为两条标准:一是水质,即要水清、活、轻;二是水味,要求无味、冷冽,即要水甘、冽。因此,归纳起来有5点:即清、活、轻、甘、冽。

1. 清 清是古人对水质的基本要求。要求水澄之无垢,搅之不浊。也就是指水质要无色透明,清澈可辨。唐代陆羽的《茶经·四之器》中所列的漉水囊,就是作为滤水用的,使煎茶之水清净。宋代"斗茶",强调茶汤以"白"取胜,更是注重"山泉之清者"。明代田艺蘅说水之清是"朗也,静也,澄水之貌",把"清明不淆"的水称为"灵水",饮用水应当质地洁净,烹茶用水尤应清净。水质清洁而无杂质且透明无色,才能显出茶色。

2. 活 活是要求有源有流,不是静止的死水。陆羽的"其山水,拣乳泉石池漫流者上",说的就是活水。宋代唐庚《斗茶记》中的"水不问江井,要之贵活"。苏东坡的《汲江煎茶》中说:"活水还须活火烹,自临钓石取深清。大瓢贮月归深瓮,小勺分江入夜瓶。"苏东坡深知茶非活水则不能发挥其品质。说明古人对活水有深刻的认识。

山泉水(二)(贺雅娟提供)

3. 轻 轻是相对于重而言,好水质地轻,浮于上;劣水质地重,沉于下。古人对水质要求轻,其道理与现代科学分析的软水、硬水相似。软水轻,硬水重。现代科学中,以每升水含有 8mg 以上钙、镁离子的水称为硬水,反之为软水。硬水中含有较多的钙、镁离子,因而所泡的茶汤滋味涩苦,汤色暗昏,香味大减。清乾隆皇帝一生爱茶,在杭州品龙井茶,上峨眉尝蒙顶茶,赴武夷啜岩茶,是一位品泉评茶的行家。尤其看重"轻",据说他每次出巡必带上一只银质小方斗,精量各地泉水,结果北京玉泉山泉水最轻,也就是内含杂质最少,因而赢得"天下第一泉"的美誉。此后,乾隆皇帝每次外出,都要带上玉泉山的泉水,以便泡茶用。

4. 甘 甘是指水的滋味。要求水含于口中的甜美感,无咸味和苦味。好的山泉水,入口甘甜。宋代蔡襄在《茶录》中提出:"水泉不甘,首旨损茶味。"明代田艺蘅在《煮泉小品》说:"味美者曰甘泉,气氛者曰香泉"。明代罗廪在《茶解》中主张:"梅雨如膏,万物赖以滋养,其味独甘,梅后便不堪饮"。宋徽宗赵佶在《大观茶论》中说:"水以清轻甘洁为美。"说明古人择水要有甘甜之味。

5. 冽 冽就是冷而寒的意思。关于水的冷冽,古人十分推崇冰水和雪水煮茶,所谓

"敲冰煮茗",认为用寒冷的雪水和冰水煮茶,其茶汤滋味尤佳。陆羽品水,也列出雪水。白居易《晚起》诗中有"融雪煎香茗"之句。清代曹雪芹的《红楼梦》中写到妙玉用从梅花瓣上收集的雪水来烹茶,更为品茶平添了一段幽香雅韵。

清、活、轻、甘、冽是古人总结出的水质标准,虽然不尽科学,但也颇有道理。随着科学技术的进步,现代人对泡茶用水的评判,完全可以用科学手段来检测。

雪　水

第二节　现代人对泡茶用水的选择

古人对水的研究不胜枚举,在当时的背景下,大多有一定的道理。近代以来,由于人口剧增,工业、农业、旅游业的发展,水质已大不如前,甚至到了不能饮用的地步。因此,现代人对泡茶用水的选择,应建立在现代科学的基础上,不但要了解水中的各种成分,了解水的口味,也必须了解国家对饮用水的水质标准,这样才能正确地选择泡茶用水。

一、我国饮用水的水质标准

1. 感官指标　色度不超过 15 度,并不得呈现其他异色;浑浊度不超过 3 度,特殊情况不超过 5 度;不得有异味、臭味;不得含有肉眼可见物。

2. 化学指标　pH 为 6.5~8.5,总硬度(以碳酸钙计)不得高于 25 度,铁不超过 0.3mg/L,锰不超过 0.1mg/L,铜不超过 1.0mg/L,锌不超过 1.0mg/L,挥发酚类(以苯酚计)不超过 0.002mg/L,阴离子合成洗涤剂不超过 0.3mg/L。

3. 毒理指标　氟化物不超过 1.0mg/L,氰化物不超过 0.05mg/L,砷不超过 0.05mg/L,硒不超过 0.01mg/L,汞不超过 0.001mg/L,镉不超过 0.01mg/L,铬(六价)不超过 0.05mg/L,铅不超过 0.05mg/L,银不超过 0.05mg/L。

4. 细菌指标　细菌总数不超过 100 个/mL,大肠菌群不超过 3 个/L。

以上 4 项指标,主要是从饮用水最基本的安全和卫生方面考虑,作为泡茶用水,还应考虑各种饮用水内所含的物质成分。

二、水质对茶汤的影响

明人张源在《茶录》中指出:"茶者,水之神;水者,茶之体。非真水莫显真神,非精茶曷窥其体。"说明泡茶用水对茶汤的影响很大,其中影响茶汤品质的主要有水的软硬度和 pH 的大小。

水按其中含有的钙、镁离子含量可分为软水和硬水。具体标准是以钙、镁离子含量超过 8mg/L 的水为硬水，少于 8mg/L 的水为软水。如果水的硬度是由钙和镁的硫酸盐或氯化物引起的，这就是永久性硬水；如果水的硬度是由含有的碳酸氢钙和碳酸氢镁引起的，就属于暂时性硬水。暂时性硬水通过煮沸，所含的碳酸氢钙或碳酸氢镁，不会被分解生成不溶于水的碳酸盐而沉淀，这时硬水就变成了软水。平时，铝壶烧水，壶底有一层白色沉淀物，就是碳酸盐。

红茶茶汤

水的硬度对茶汤的色泽滋味及其营养价值都有明显影响。因为硬水中，由于含有大量的矿物质，如钙、镁离子等，这样茶叶有效成分的溶解度就低，茶味偏淡，而且水中的一些物质与茶发生作用，对茶产生不良影响。比如，硬水中铁离子含量过高，就会与茶叶中的多酚类物质结合，茶汤就会变成黑褐色，甚至还会浮起一层"锈油"，简直无法饮用。

水的硬度不仅与茶汤品质关系密切，其中水的硬度还影响水的酸碱度，而酸碱度又影响茶汤的色泽。当 pH 大于 5 时，颜色加深；pH 达到 7 时，茶黄素就容易自动氧化而损失。由此可见，泡茶用水应以选择软水或暂时性硬水为宜。

三、宜茶用水

唐代陆羽的"三水论"千百年来成了茶人们择水所遵循的定律，现代人可能不像古人那么讲究，但也有不少茶学工作者对宜茶用水做过分析测定和试验比较。以浙江杭州为例，以虎跑泉水、雨水、西湖水、自来水、井水，分别冲泡龙井茶、工夫红茶、炒青绿茶，经理化检测和开汤审评，结果表明：以虎跑泉水最好，雨水次之，西湖水第三，井水最差。而自来水因漂白粉的气味，伤害了茶汤的鲜爽度，所泡的茶不堪饮用。因此，"虎跑泉、龙井茶"确实是名副其实。

"名泉、名水衬名茶"虽然是茶人们的愿望，但天下如此之大，哪能处处有佳泉呢？况且，现代都市生活中，山泉已很难寻到了，因此，凡是达到国家饮用水水质标准的生活饮用水，都可作为泡茶用水，具体说来主要有：天然水、矿泉水、纯净水、净化水、活性水和自来水。

1. 天然水 天然水包括江、河、湖、泉、井及雨水。江、河、湖水属地面水，其特点：通常含杂质较多，浑浊度大，靠近城镇之处，易受污染。但在远离

天然水（一）

人口密集的地方，污染物少，且其水是常年流动的，这样的江、河、湖水仍不失为泡茶的好水。另外，有些江、河、湖水虽然比较浑浊，但只要是活水，经过处理同样也可成为泡茶好水。所以，用江、河、湖水泡茶应注意：一是要常年流动的"活水"；二是要远离人烟较多的城镇，少污染；三是酌情通过澄清处理。在天然水中，泉水是泡茶最理想的水，泉水杂质少、透明度高、污染少，虽属暂时硬水，加热后，呈酸性碳酸盐状态的矿物质被分解，释放出碳酸气，口感特别微妙，泉水煮茶，甘洌清芬。然而，由于各种泉水的含盐量及硬度有较大的差异，也并不是所有泉水都是优质的，有些泉水含有硫酸，不能饮用。至于深井水泡茶，效果如何，不能一概而论。有些城市井水，易受污染，用来泡茶，有损茶味；但一些农村井水，水质清澈甘洌，用来泡茶，色、香、味俱佳。因此，用井水泡茶最好有所选择。

2. 纯净水 纯净水是蒸馏水、太空水等的合称，是一种安全无害的软水。纯净水是以符合生活饮用水卫生标准的水为水源，采用蒸馏水法、电解水、逆渗透法及其他适当的加工方法制得，纯度很高，不含任何添加物，可直接饮用的水。用纯净水泡茶，其效果还是相当不错的。

3. 矿泉水 我国对饮用矿泉水的定义是：从地下深处自然涌出的或经人工开发的、未受污染的地下矿泉水，含有一定量的矿物盐、微量元素或二氧化

天然水（二）

碳气体，在通常情况下，其化学成分、流量、水温等动态指标在天然波动范围内相对稳定。矿泉水与纯净水相比，矿泉水含有丰富的锂、锶、锌、溴、碘、硒和偏硅酸等多种微量元素。饮用矿泉水有助于人体对这些微量元素的摄入，并调节肌体的碱平衡。但饮用矿泉水应因人而异。由于矿泉水的产地不同，不少矿泉水含有较多的钙、镁、钠等金属离子，是永久性硬水，虽然水中含有丰富的营养物质，但用于泡茶效果并不理想。

4. 活性水 活性水包括磁化水、矿化水、高氧水、离子水、自然回归水、生态水等品种。这些水均以自来水为水源，一般经过滤、精制和杀菌、消毒处理制成，具有特定的活性功能，并且有相应的渗透性、扩散性、溶解性、代谢性、排毒性、富氧化和营养性功效。由于各种活性水内含微量元素和矿物质成分各异，如果水质较硬，泡出的茶水品质较差；如果属于暂时性硬水，泡出的茶水品质较好。

5. 净化水 通过净化器对自来水进行二次终端处理制得，净化原理和处理工艺一般包括粗滤、活性炭吸附和薄膜过滤等三级系统，能有效地清除自来水管网中的红虫、铁锈、悬浮物等机械成分，降低浊度、余氧和有机杂质，并截留细菌、大肠杆菌等微生物，从而提高自来水水质，达到国家饮用水卫生标准。但是，净化器中的粗滤装置要经常清洗，活性炭也要经常换新，时间一久，净水器内胆易堆积污物，繁殖细菌，造成二次污染。净化水易取得，是经济实惠的优质饮用水，用净化水泡茶，其茶汤品质也是相当不错的。

6. 自来水 自来水是最常见的生活用水，其水源一般来自江、河、湖泊，是属于加工处理后的天然水，为硬水或暂时硬水。已达到生活用水的国家标准，但自来水普遍存在漂白粉和氯气气味，若直接用来泡茶，会使茶的滋味和香气逊色。因此，必须学会进行处理。

（1）过滤法。用过滤器将自来水过滤后再来作为泡茶用水。

（2）澄清法。将自来水在容器中经一昼夜的澄清和挥发，水质较为理想。

（3）煮沸法。自来水煮开后，将壶盖打开，让水中氯气挥发掉，但注意不宜滚太久，否则水中其他矿物质也挥发掉，这样泡出的茶就不理想了。

第三节 古今名泉赏析

我国古代嗜茶者讲究用山泉水泡茶，由茶事引发泉事，名泉名水衬名茶，使茶与泉结下了不解之缘。"泉"为天然物，是大自然的造化，神州大地，名泉如繁星闪烁，清澈晶莹，甘美可口。泉水在我国资源极为丰富，比较著名的就有百余处之多，其中被封为"天下第一泉"、"天下第二泉"的名泉就不少于七八处。

一、庐山谷帘泉——茶圣口中第一泉

谷帘泉，在庐山主峰大汉阳峰南面的康王谷中。康王谷位于庐山南山中部偏西，是一条长达7km的狭长谷地，谷中涧流清澈见底，酷似陶渊明著《桃花源记》中"武陵人"缘溪行的清溪。这条溪涧的源头就是谷帘泉。谷帘泉来自大汉峰，似从天而降，纷纷数十百缕，恰似一幅玉帘悬在山中，隐隐绰绰，悬注170余米。

谷帘泉经陆羽品定为"天下第一泉"后名扬四海。历代文人墨客接踵而至，纷纷品水题字。如宋代名士王安石、朱熹、秦少游等都在游览品尝过谷帘泉水后，留下了美词佳句。庐山有一大名茶，即驰名中外的庐山云雾茶。如果说杭州有"龙井茶、虎跑泉"双绝的话，那么，庐山上的"云雾茶、谷帘泉"，也被茶界称为珠璧之美。

二、镇江中泠泉——扬子江心第一泉

中泠泉，也称南泠泉、中濡泉，意为大江中心处的一股清冷的泉水，位于江苏镇江金山寺外，早在唐代此泉就已天下闻名。据记载，以前泉水在江中，江水来自西方，受到石牌山和鹘山的阻挡，水势曲折转流，分为三泠（南泠、中泠、北泠），而泉水就在中间一个水曲之下，故名"中泠泉"。因位置在金山的西南面。故又称"南泠泉"。

唐代刘伯刍把它推举为全国宜茶的七大水品之首。因长江水深流急，汲取

镇江中泠泉

极为困难。自唐以来,达官贵人、文人学士,或派下人代汲,或冒险自汲,都对中泠泉表示出极大兴趣。中泠泉水表面张力大,满杯的泉水,其水面可高出杯口1~2mm而不外溢。如今,因江滩扩大,中泠泉已与陆地相连,仅是一个景观罢了。

三、北京玉泉山玉泉——乾隆御赐第一泉

玉泉,位于北京颐和园以西的玉泉山南麓,水从山脚流出,"水清而碧,澄洁似玉",故称玉泉。玉泉山六峰连缀,随地皆泉,自然风景十分优美。

据说,古代玉泉泉口附近有大石,镌刻着"玉泉"二字,玉泉水从此大石上漫过,宛若翠虹垂天,此景纳入燕山八景,名曰"玉泉垂虹"。后大石碎化,风景变迁,清乾隆时改"垂虹"为"趵泉"。

玉泉流量大而稳定,曾是金中都、元大都和明、清北京河湖系统的主要水源。明代从永乐皇帝迁都北京以后把玉泉定为宫廷饮用水源,其中一个主要原因就是玉泉水洁如玉,含盐量低,水温适中,水味甘美,又距皇城不远。清乾隆皇帝命人分别从全国各地汲取名泉水样和玉泉水一起进行比较,并用一银质小斗称水检测。结果,北京玉泉水比国内其他名泉的水都轻,证明泉水所含杂质最少,水质最优,名列第一。当今,用20世纪80年代的先进检测方法对玉泉水进行分析鉴定,其结果也表明此泉水确实是一种极为理想的饮用水源。玉泉被选用宫廷用水还有一个极其重要的因素,就是该泉四季如鼎沸,涌水量稳定,从不干涸。

玉泉水水质好,古有定评。元代《一统志》说玉泉"泉极甘洌"。乾隆皇帝特地撰写了《玉泉山天下第一泉记》并将全文刻于石碑上,立于泉旁。

四、济南趵突泉——大明湖畔第一泉

趵突泉

济南是著名的泉城,有关济南泉水的记载,最早见于《春秋》。金代有人立"名泉碑",列为济南名泉72处,趵突泉为七十二泉之首。明代沈复在《浮生六记》中说:"趵突泉为济南七十二泉之冠。泉分三眼,从地底忽涌突起,势如腾沸,凡泉皆从上而下,此独从下而上,亦一奇也。"趵突泉按字释义,"趵,跳跃貌;突,出现貌",形容该泉瀑流跳跃如趵突。趵突泉与漱玉泉、全线泉、马跑泉等28眼名泉及其他5处无名泉,共同构成趵突泉群。其中,集中在趵突泉公园的有16处,是国内罕见的城市大泉群。趵突泉是此泉群的主泉,主水汇集成一长方形的泉池之中,泉池东西长约30m,南北宽为20m,四周砌石块,围以扶手栏杆。池中有3个大型泉眼,昼夜涌水不息,其涌水量每昼夜曾达95万~138万t,约占济南市总水量的1/3。

趵突泉得名"天下第一泉",相传是乾隆皇帝游趵突泉时赐封的。当时,乾隆皇帝巡

游江南，专门派车运载北京玉泉山泉水，供沿途饮用。途经济南时，他品尝了趵突泉的水，觉得这泉水果真名不虚传，水味竟比玉泉之水还要清冽甘美。于是，从济南启程南行，沿途的饮用水就改喝趵突泉水了。临行前，乾隆为趵突泉题了"激湍"两个大字，还写了一篇《游趵突泉记》，文中写道："泉水怒起跌突，三柱鼎立，并势争高，不肯相下"。

五、无锡惠山泉——天下第二泉

惠山泉位于江苏无锡锡惠公园内。相传为唐朝无锡县令敬澄于大历元年至十二年（766—777）开凿。惠山旧名慧山，因西域僧人慧照曾居此山，故名。唐代陆羽尝遍天下名泉，并为20处水质最佳名泉按等级排序，惠山泉被列为天下第二泉。随后，刘伯刍、张又新等唐代著名茶人又均推惠山泉为天下第二泉，所以后人也称它为"二泉"。宋徽宗时，此泉水成为宫廷贡品。

惠山泉

惠山泉水为山水，即通过岩层裂隙过滤后流淌的地下水，因此其含杂质极少，味甘而质轻，煎茶为上。惠山泉名扬天下，四方茶客们不远万里来汲取二泉水，达官贵人更是闻名而至。唐武宗时，宰相李德裕嗜饮泉水，便责令地方官派人通过"递铺"（类似驿站的专门运输机构），把泉水送到三千里之遥的长安，供他煎茗。宋代苏东坡深通美泉伴香茗之理，也曾"独携天上小团月，来试人间第二泉"。清乾隆皇帝到惠山取泉水啜香茗，并用特制小型量斗，量得惠山泉水为每斗一两零四厘，仅比北京玉泉水稍重。著名民间音乐艺术家阿炳以惠山泉为素材所作的二胡演奏曲《二泉映月》，以其鲜明的节奏和清新流畅的旋律被人们喜爱，这首脍炙人口的乐曲至今仍是中国民间音乐的代表曲目之一。

六、杭州虎跑泉

虎跑泉位于杭州西湖西南大慈山下。相传，唐元和十四年（819）高僧寰中居此，喜欢这里的风景灵秀，便住了下来。后来，因为附近没有水源，他准备迁往别处。一夜忽然梦见神人告诉他说："南岳有一童子泉，当遣二虎搬到这里来。"第二天，他果然看见二虎跑地作地穴，清澈的泉水随即涌出，故名虎跑泉。

据调查研究，虎跑泉附近的岩层属于砂岩，因裂隙较多，透水性能好。由于虎跑泉是从难溶解的石英砂岩中渗出来的，

杭州虎跑泉

带来可溶解矿物质不多，因此虎跑泉水质相当纯净。经化学分析证明，它的矿物质含量每升水中只有20～150mg，比一般泉水要低。这就是虎跑泉水特别清爽甘醇，被誉为杭州名泉之首的原因。

  虎跑泉表面张力大，如用杯子将水放满，再将钱币一个一个放入杯中，泉水渐渐高出杯面3mm也不会外溢，十分有趣。近年来，随着杭州茶文化旅游的发展，被誉为杭州双绝的"龙井茶虎跑水"无不成为焦点，以能身临其境品尝一下虎跑泉之水冲泡龙井茶为快事。如今，在西湖风景区的虎跑泉处新建了茶室，中外茶客慕名而至，常常座无虚席。

1. 试述古人的择水标准。
2. 水质对茶汤有何影响？
3. 如何选择泡茶用水？

第四章

茶之父——赏器备具

茶具，古代亦称茶器或茗器，是中国茶文化中不可分割的重要组成部分。中国茶具种类繁多、造型优美，兼具实用和鉴赏价值，为历代饮茶爱好者所青睐。茶具的使用、保养、鉴赏和收藏，已成为专门的学问世代不衰。珍贵的茶品和精美的茶具相配，给茶艺本身增添了无穷的魅力，正所谓"茶因器美而生韵，器因茶珍而增彩"。

第一节 茶器具的分类

一、瓷器茶具

瓷器是中国文明的一面旗帜。中国茶具最早以陶器为主。陶瓷的发展经历了土陶、硬陶和釉陶，再发展到瓷，瓷是由陶发展而来的。瓷器的胎料是高岭土，表面多施釉，需要1 300℃的高温才能烧成，胎质坚固致密，断面基本不吸水，敲击时会发出清脆的金属声响。

瓷器茶具

在商代早期，原始的青瓷器就在中原及长江中下游出现。在2世纪左右的东汉时，浙江的越窑已形成成熟的烧瓷技艺，青釉盏和盏托有了大量的生产。古代的"瓷"字最早出现于魏晋的文献，而瓷茶具也是从魏晋时期开始的。瓷器发明以后，因其比陶器更为纤细润泽，洁白纯净，陶质茶具就逐渐为瓷质茶具所代替。

唐代饮茶风尚极为盛行，在一定程度上促进了茶具的生产，尤其是产茶之地的瓷窑发展更加迅速，越州、婺州、邛州等地是既盛产茶，亦盛产瓷器的地方。唐代烧制茶具最负盛名的当为浙江余姚的越窑和河北内丘的邢窑，可代表当时南青北白两大瓷系，均为当时的贡品。陆羽对各地瓷茶具做过比较分析，"碗，越州上，鼎州、婺州次"，"邢瓷白而茶色丹，越瓷青而茶色绿"，陆羽认为越瓷比邢瓷优。秘色瓷是唐代最为名贵的青瓷器，是越窑青瓷的极品。陆龟蒙在《秘色越瓷》诗中曾形容它"九秋风露越窑开，夺得千峰翠色来"。

宋代时，全国有五大名窑：官窑、哥窑、汝窑、定窑、钧窑，各自烧造不同风格的瓷器。宋代烧制茶具有名的产地有福建建安的黑瓷，浙江龙泉的青瓷，河北定窑的白瓷等等。受当时"斗茶"风尚的影响，福建建安所产的黑釉盏尤为著名。宋代的黑釉盏除了单色黑釉外，还有许多不同花纹图案的产品，最著名的就是所谓"兔毫盏"。

元代的茶具和宋代差不多，此时景德镇的青花瓷烧制技术日渐成熟，不仅国内驰名，而且远销国外。

明代茶具，因饮茶方式与唐宋时期截然不同而发生了根本的变化。景德镇成为全国瓷器生产的中心。饮茶在明代又回归到了自然简朴的方式，但茶具并未因此而停滞不前，相反，这更使明代的茶具得到充分的发展，品种更加多样化，功用更加明确，制作更加精细。永乐时创制的白釉脱胎瓷器和宝石红釉，宣德时的青花和祭红，成化时的五彩和斗彩，都超越前代。明代茶盏的釉色由黑色转为白色，且对茶盏形制讲究小巧。许次纾说"纯白为佳，兼贵于小"。

瓷器茶壶（一）

瓷器茶壶（二）

清代陶瓷茶具以康熙、雍正和乾隆时代最为繁荣，茶具显得格外精致华贵。清代在陶瓷的制作技术上又有了不少创新。除青花外尚有粉彩、斗彩、珐琅彩及各类颜色釉，极一时之盛。

现代，我国的瓷器茶具可谓是造型优美、五彩缤纷。著名的瓷器产区有江西景德镇，河北唐山、邯郸、广东佛山、潮州等地。随着科技的发展，茶具生产之多，规模之大，发展之快，都超过历史上任何时期。

我国瓷器茶具种类繁多，按所用釉料的不同又可分为青瓷茶具、白瓷茶具、黑瓷茶具、彩瓷茶具等几个类别。

1. 青瓷茶具 青瓷"青如玉，明如镜，声如磬"，被称为"瓷器之花"，珍奇名贵。青瓷茶具以浙江生产的质量最好。早在东汉年间，已开始生产色泽纯正、透明发光的青瓷。晋代浙江的越窑、婺窑、瓯窑已具相当规模。宋代，作为当时五大名窑之一的浙江龙泉哥窑生产的青瓷茶具，已达到鼎盛时期，远销各地。明代，青瓷茶具更以其质地细腻，造型端庄，釉色青莹，纹样

青瓷茶具

雅丽而蜚声中外。16世纪末，龙泉青瓷出口法国，轰动整个法兰西，被视为稀世珍品。当代，浙江龙泉青瓷茶具又有新的发展，不断有新产品问世。这种茶具除具有瓷器茶具的众多优点外，因色泽青翠，用来冲泡绿茶，更有益汤色之美。不过，用它来冲泡红茶、白茶、黄茶、黑茶，则易使茶汤失去本来面目，似有不足之处。

2. 白瓷茶具 白瓷茶具具有坯质致密透明，上釉、成陶火度高，无吸水性，音清而韵长等特点。因色泽洁白，能反映出茶汤色泽，传热、保温性能适中，加之色彩缤纷，造型各异，堪称饮茶器皿中之珍品。早在唐代，河北邢窑生产的白瓷器具已"天下无贵贱通用之"。唐朝白居易还作诗盛赞四川大邑生产的白瓷茶碗。元代，江西景德镇白瓷茶具已远销国外。如今，白瓷茶具更是面目一新。这种白釉茶具，适合冲泡各类茶叶。加之白瓷茶具造型精巧，装饰典雅，其外壁多绘有山川河流、四季花草、飞禽走兽、人物故事、或点缀以名人书法，又颇具艺术欣赏价值，所以，使用最为普遍。

3. 彩瓷茶具 彩瓷茶具包括釉上彩和釉下彩瓷质茶具。它的品种花色很多，有青花瓷、釉里红、斗彩、五彩、粉彩、珐琅彩等，其中尤以青花瓷茶具最引人注目。它的特点是花纹蓝白相映成趣，有赏心悦目之感；色彩淡雅可人，有华而不艳之力。加之彩料之上涂釉，显得滋润明亮，更平添了青花茶具的魅力。直到元代中后期，青花瓷茶具才开始成批生产，特别是景德镇，成了我国青花瓷茶具的主要生产地。由于青花瓷茶具绘画工艺水平高，特别是将中国传统绘画

青花瓷茶具

技法运用在瓷器上，因此这也可以说是元代绘画的一大成就。明代，景德镇生产的青花瓷茶具，花色品种越来越多，质量愈来愈精，无论是器形、造型、纹饰等都冠绝全国，成为其他生产青花茶具窑场模仿的对象。清代，青花瓷茶具在古陶瓷发展史上，又进入了一个历史高峰，它超越前朝，影响后代。康熙年间烧制的青花瓷器具，更是史称"清代之最"。综观明、清时期，由于制瓷技术提高，社会经济发展，对外出口扩大，以及饮茶方法改变，都促使青花茶具获得了迅猛的发展，当时除景德镇生产青花茶具外，较有影响的还有江西的吉安、乐平，广东的潮州、揭阳、博罗，云南的玉溪，四川的会理，福建的德化、安溪等地。此外，全国还有许多地方生产"土青花"茶具，在一定区域内，供民间饮茶使用。

除了以上几种主要瓷质茶具外，我国的瓷器茶具品类还有很多，产地遍及全国。如宋代兴起的青白瓷，釉色介于青白之间，硬度、薄度和透明度等都达到了现代硬瓷的标准。此外还有各种施单一颜色高温釉的精美颜色釉瓷茶具，如青釉、黑釉、黄釉、海棠红釉、玫瑰紫釉等。另外，近年来国内外茶具市场新兴起一种骨瓷茶具，它白度高、透明度高、瓷质细腻。骨瓷起源于1794年的英国，在自然界中，氧化钙的来源不多，所以选择动物的骨粉作为氧化钙的来源，骨瓷茶具由此得名。因为它白度、硬度高，色调柔和，呈半透明状，受到很多饮茶人士的喜爱。

二、紫砂茶具

紫砂茶具质朴高雅、异彩纷呈。早在北宋初期就已经崛起，成为别树一帜的优秀茶具，明代大为流行。紫砂壶和一般陶器不同，其里外都不敷釉，采用当地的紫泥、红泥、团山泥抟制焙烧而成。由于成陶火温较高，烧结致密，胎质细腻，既不渗漏，又有肉眼看不见的气孔，经久使用还能吸附茶汁，蕴蓄茶味；且传热不快，不致烫手；若热天盛茶，不易酸馊；即使冷热剧变，也不会破裂；如有必要，甚至还可直接放在炉灶上煨炖。紫砂茶具还具有造型简练大方，色调淳朴古雅的特点。

紫砂茶具（一）

外形有似竹节、莲藕、松段和仿商周古铜器形状的。《桃溪客语》说"阳羡（即宜兴）瓷壶自明季始盛，上者与金玉等价"，可见其名贵。明·文震亨《长物志》记载："壶以砂者为上，盖既不夺香，又无熟汤气。"紫砂壶在清代，一些文人参与紫砂茶具的设计，介入紫砂茶具的制作，其文化品位大为提高，紫砂茶具成为一种雅玩，作为艺术品被收藏，身价百倍。有趣的是《砂壶图考》曾记载郑板桥自制一壶，亲笔刻诗一首："嘴尖肚大耳偏高，才免饥寒便自豪。量小不堪容大物，两三寸水起波涛。"借壶讥讽世间小人的陋习，意味无穷。

紫砂茶具（二）

紫砂茶具（三）

此外，明清时期对紫砂茶具做出重大贡献的壶艺家也相当多。明代嘉靖、万历年间，先后出现了两位卓越的紫砂工艺大师——龚春（供春）和他的徒弟时大彬。供春的制品被称为"供春壶"，造型新颖精巧，质地薄而坚实，被誉为"供春之壶，胜如金玉"。"栗色暗暗，如古金石；敦庞用心，怎称神明"。时大彬的作品，突破了师傅传授的格局而多作小壶，点缀在精舍几案之上，更加符合饮茶品茗的趣味。因此当时就有十分推崇的诗句，如"千奇万状信手出"，"宫中艳说大彬壶"。惠孟臣是时大彬之后的一位名家，所制紫砂壶大者浑朴，小者精妙。清初康熙年间陈鸣远是时大彬之后最有影响的壶艺家，制作的茶壶，线条清晰，轮廓明显，如束柴三友壶，当时被推为杰作。杨彭年是清代嘉庆年间的制壶名家，其壶雅致玲珑，不用模子，随手捏成，有天然风致。当时江苏溧阳知县陈鸿寿，号曼生，癖好茶壶，工于诗文、书画、篆刻，特意到宜兴和杨彭年合作制壶。陈曼生设计，杨彭年制作，再由陈氏镌刻书画。其作品世称"曼生壶"，开创了紫砂壶造型与书法、绘画、诗文、篆刻相结合的创作，将紫砂壶艺引入了一个新的境界，对紫砂壶的发展有很大的贡献。

近年来，紫砂茶具有了更大的发展，壶艺家辈出。顾景舟可说是近代壶艺家中最有成就的一位。其作品特色是：整体造型古朴典雅，形器雄健严谨，线条流畅和谐，大雅而深韵无穷，散发浓郁的东方艺术特色。现代中国内地知名的中年壶艺家多半出自他的门下，故被尊称为"壶艺泰斗"、"一代宗师"。近作提璧壶和汉云壶，系出国礼品。

目前紫砂茶具品种已由原来的四五十种增加到六百多种。例如：紫砂双层保温杯，就是深受群众欢迎的新产品。这种杯容量为 250mL，因是双层结构，开水入杯不烫手，传热慢，保温时间长。造型多种多样，有瓜轮形的、蝶纹形的，还有梅花形、鹅蛋形、流线形等。艺人们采用传统的篆刻手法，把绘画与正、草、隶、篆等字体及各种装饰手法施用在紫砂陶器上，使之成为观赏和实用巧妙结合的产品。

紫砂茶具不仅为我国人民所喜爱，而且也为海外一些国家的人民所珍重。早在 15 世纪，日本、葡萄牙、荷兰、德国、英国的陶瓷工人就先后把中国的紫砂壶作为标本加以仿造。18 世纪初，德国人约·佛·包特格尔，不仅制成了紫砂陶，而且在 1908 年还写了一篇题为《朱砂瓷》的论文。20 世纪初，紫砂陶曾在巴拿马、伦敦、巴黎的博览会上展出，并在 1932 年的芝加哥博览会上获奖，为中国陶瓷史增光添彩。

三、玻璃茶具

玻璃，古人称为流璃或琉璃，实是一种有色半透明的矿物质。用这种材料制成的茶具，能给人以色泽鲜艳、光彩照人之感。我国的琉璃制作技术虽然起步较早，但直到唐代，随着中外文化交流的增多，西方琉璃器的不断传入，我国才开始烧制琉璃茶具。陕西扶风法门寺地宫出土的由唐僖宗供奉的素面圈足淡黄色琉璃茶盏和素面淡黄色琉璃茶托，是地道的中国琉璃茶具，虽然造型原始、装饰简朴、质地显混、透明度低，但却表明我国的琉璃茶具唐代已经起步，在当时堪称珍贵之物。

唐代元稹曾写诗赞誉琉璃，说它是"有色同寒冰，无物隔纤尘。象筵看不见，堪将对玉人"。难怪唐代在供奉法门寺塔佛骨舍利时，也将琉璃茶具列入供奉之物。宋代，我国独特的高铅琉璃器具相继问世。元、明时，规模较大的琉璃作坊在山东、新疆等地出现。清康熙时，在北京还开设了宫廷琉璃厂，只是自宋至清，虽有琉璃器件生产，且身价名贵，但多以生产琉璃艺术品为主，只有少量茶具制品，始终没有形成琉璃

玻璃茶具

茶具的规模生产。

现代，玻璃器皿有较大的发展。玻璃质地透明，光泽夺目，外形可塑性大，形态各异，用途广泛。玻璃杯泡茶，茶汤的鲜艳色泽，茶叶的细嫩柔软，茶叶在整个冲泡过程中的上下起浮，叶片的逐渐舒展等，可以一览无余，可说是一种动态的艺术欣赏。特别是冲泡各类名茶，茶具晶莹剔透，杯中轻雾缥缈，澄清碧绿，芽叶朵朵，亭亭玉立，观之赏心悦目，别有风趣。而且玻璃杯价廉物美，深受广大消费者的欢迎。但玻璃器具容易破碎，而且比陶瓷烫手，这是它的美中不足之处。

玻璃盖碗杯

四、其他材质茶具

我国茶具种类繁多，造型优美，既有实用价值，又富艺术之美。除了瓷器茶具、紫砂茶具、玻璃茶具外，还有金属茶具、漆器茶具、竹木茶具等多个品类。

1. 金属茶具 金属茶具是指由金、银、铜、铁、锡等金属材料制作而成的器具。它是我国最古老的日用器具之一，早在公元前18世纪至前221年秦始皇统一中国之前的1 500年间，青铜器一直广泛应用。先人用青铜制作盆盛水，制作爵、尊盛酒，这些青铜器皿自然也可用来盛茶。自秦汉至六朝，茶叶作为饮料已渐成风尚，茶具也逐渐从与其他饮具共用中分离出来。大约到南北朝时，我国出现了包括饮茶器皿在内的金银器具。到隋唐时，金银器具的制作达到高峰。20世纪80年代中期，陕西法门寺出土的一套由唐僖宗供奉的鎏金茶具，可谓是金属茶具中罕见的稀世珍宝。但从宋代开始，古人对金属茶

锡 罐

具褒贬不一。元代以后，特别是从明代开始，随着茶类的创新，饮茶方法的改变，以及陶瓷茶具的兴起，才使包括银质器具在内的金属茶具逐渐消失，尤其是用锡、铁、铅等金属制作的茶具，用它们来煮水泡茶，被认为会使"茶味走样"，以致很少有人使用。但用金属制成贮茶器具，如锡瓶、锡罐等，却屡见不鲜。这是因为金属贮茶器具的密闭性要比纸、竹、木、瓷、陶等制品好，具有较好的防潮、避光性能，这样更有利于散茶的保藏。因此，用锡制作的贮茶器具，至今仍流行于世。锡罐多制成小口长颈，盖为筒状，比较密封，因此对防潮、防氧化、防光、防异味都有较好的效果。

2. 脱胎漆茶具 脱胎漆茶具的制作精细复杂，这是我国先人的创造发明之一。脱胎漆茶具先要按照茶具的设计要求，做成木胎或泥胎模型，其上用布或绸料以漆裱上，再连上几道漆灰料，然后脱去模型，再经填灰、上漆、打磨、装饰等多道工序，才最终成为古朴典雅的脱胎漆茶具。我国的漆器起源久远，在距今约7 000年前的浙江余姚河姆渡文化

中，就有可用来作为饮器的木胎漆碗。但尽管如此，作为供饮食用的漆器，包括漆器茶具在内，在很长的历史发展时期中，一直未曾形成规模生产。特别自秦汉以后，有关漆器的文字记载不多，存世之物更属难觅，这种局面，直到清代开始才出现转机，由福建福州制作的脱胎漆器茶具日益引起了世人的注目。脱胎漆茶具通常是一把茶壶连同四只茶杯，存放在圆形或长方形的茶盘内，壶、杯、盘通常呈一色，多为黑色，也有黄棕、棕红、深绿等色，并融书画于一体，饱含文化意蕴；且轻巧美观，色泽光亮，明镜照人；又不怕水浸，能耐温、耐酸碱腐蚀。脱胎漆茶具除有实用价值外，还有很高的艺术欣赏价值，常为鉴赏家所收藏。

3. 竹木茶具　　竹木茶具在历史上流行于广大农村，包括产茶区，很多使用竹或木碗泡茶，它价廉物美，经济实惠，但现代已很少采用。隋唐以前，我国饮茶虽渐次推广开来，但属粗放饮茶。当时的饮茶器具，除陶瓷器外，民间多用竹木制作而成。陆羽在《茶经·四之器》中开列的 24 种茶具，多数是用竹木制作的。这种茶具来源广，制作方便，对茶无污染，对人体又无害。因此，自古至今，一直受到茶人的欢迎。到了清代，在四川出现了一种竹编茶具，它既是一种工艺品，又富有实用价值，主要品种有茶杯、

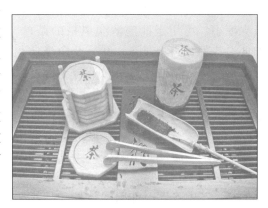

竹木茶具

茶盅、茶托、茶壶、茶盘等，多为成套制作。竹编茶具由内胎和外套组成，内胎多为陶瓷类饮茶器具，外套用精选慈竹，经劈、启、揉、匀等多道工序，制成粗细如发的柔软竹丝，经烤色、染色，再按茶具内胎形状、大小编织嵌合，使之成为整体如一的茶具。这种茶具，不但色调和谐，美观大方，而且能保护内胎，减少损坏。同时，泡茶后不易烫手，并富含艺术欣赏价值。因此，多数人购置竹编茶具，不在其用，而重在摆设和收藏。至于用木罐、竹罐装茶，则仍然随处可见，特别是作为艺术品的黄阳木罐和二簧竹片茶罐，既是一种馈赠亲友的珍品，也有一定的实用价值。而竹木茶具亦有它的缺点：易于损坏，无法长久保存。

此外，我国还有用玉石、水晶、玛瑙等材料制作的茶具，这些茶具外观精致，但制作困难，价格高昂，并无多大实用价值，主要是用作摆设。

第二节　茶器具与茶的关系

古往今来，大凡讲究品茗情趣的人，都十分注重品茶的韵味，崇尚意境的高雅，强调"壶添品茗情趣，茶增壶艺价佳"。认为茶与茶具的关系甚为密切，茶具的优劣，对茶汤的质量以及品饮者的心情，都会产生直接影响。好茶配好壶，犹如红花配绿叶，相映生辉。因此，对一个爱茶人来说，不仅要会选择好茶，还要会选配好茶具。

一、茶器具对茶品质的影响

说到茶器具对茶品质的影响，主要是指茶具的质地、形状、色泽等因素对茶叶冲泡的影响。

1. 茶器具质地的影响 茶器具质地主要是指密度而言。根据不同茶叶的特点，选择不同质地的茶器具，才能相得益彰。密度高的器具，因气孔率低、吸水率小，可用于冲泡清淡风格的茶。如冲泡各种绿茶、花茶、红茶及白毫乌龙等，可用高密度瓷或银器，泡茶时茶香不易被吸收，显得格外清冽。透明玻璃杯可用于冲泡名优绿茶，香气轻扬，又便于观形、色。而那些香气低沉的茶叶，如铁观音、水仙、普洱等，则常用低密度的陶器冲泡，主要是紫砂壶，因其气孔率高、吸水率大，故茶泡好后，持壶盖即可闻其香气。在冲泡乌龙茶时，同时使用闻香杯和品茗杯后，闻香杯中残余茶香不易被吸收，可以用手捂之，杯底香味便在手温作用下很快散发出来，达到闻香的目的。

壶杯茶具组合

绿茶玻璃杯泡

茶器具质地还与是否施釉有关。原本质地较为疏松的陶器，若在内壁施了白釉，就等于穿了一层保护衣，使气孔封闭，成为类似密度高的瓷器茶具。同样可用于冲泡清香的茶类。这种施釉陶器的吸水率也随之变小，气孔内不会残留茶汤和香气，清洗后可用于冲泡多种茶类，性状与瓷质、银质的相同。未施釉的陶器，气孔内吸收了茶汤和香气，日久冲泡同一种茶，还会形成茶垢，不能用于冲泡其他茶类，以免串味，应专用，这样才会使香气越来越浓郁。

2. 茶器具形状的影响 茶器具形状主要是指茶器具的款型和大小，不同类型的茶叶就要选择不同形状的茶具。细嫩的名优绿茶，可用无色透明玻璃杯冲泡，边冲泡边欣赏茶叶在水中缓慢吸水而舒展、徐徐浮沉游动的姿态，领略"茶之舞"的情趣。至于其他名优绿茶，除选用玻璃杯冲泡外，也可选用白色瓷杯冲泡饮用。但不论冲泡何种细嫩名优绿茶，茶杯均宜小不宜大。大则水量多，热量大，会将茶叶泡熟，使茶叶色泽失却绿翠。也会使茶香减弱，甚至产生"熟汤味"。

高档花茶可用玻璃杯或白瓷杯冲饮，以显示其品质特色，也可用盖碗或带盖的杯冲泡，以防止香气散失；普通低档花茶，则用瓷壶冲泡，可得到较理想的茶汤，保持香味。

冲泡中高档红绿茶，如工夫红茶、眉茶、烘青和珠茶等，因以闻香品味为首要，而观形略次，可用瓷杯直接冲饮。低档红绿茶，其香味及化学成分略低，用壶沏泡，水量较多而集中，有利于保温，能充分浸出茶的内含物，可得较理想之茶汤，并保持香味。工夫红茶可用瓷壶或紫砂壶来冲泡，然后将茶汤倒入白瓷杯中饮用。红碎茶体型小，用茶杯冲泡时茶叶悬浮于茶汤中不方便饮用，宜用茶壶沏泡。

乌龙茶宜用紫砂壶冲泡，袋泡茶可用白瓷杯或瓷壶冲泡。品饮冰茶，以用玻璃杯为好。此外，冲泡红茶、绿茶、黄茶、白茶，使用盖碗也可以。

花茶盖碗杯泡

同样质地不同形状的茶具对茶的品质也影响很大。

以茶壶为例，壶的大小、口腹的比例、壶口到壶底的高度都与泡茶的个性需求有关。如泡乌龙茶，因追求在高温状态下进行，又是即泡即饮，每泡沥干，不留茶汤，故选配时均选体积小、壶口小的紫砂壶，既使泡成的茶汤量适合杯数，同时又有利于续温、升温，促进茶汤浓醇，茶香焕发。

沏泡红茶时，因茶汤量远大于乌龙茶，故壶应适当选大些，宜用鼓腹、深壁的茶壶，这样有利于壶内温度的保持，焕发红茶汤的亮艳香醇。如以壶泡绿茶，就需选大口径壶、扁腹、浅壁为宜。即使如此，有时还需注意不要盖上壶盖，以防闷熟茶汤，捂黄嫩叶。

红茶茶具组合

3. 茶器具色泽的影响 茶器具色泽对茶品质也有很大的影响。例如宋代的点茶，若用青瓷茶具，则不能衬托茶汤的色泽。

茶器具的色泽是指制作材料的颜色和装饰图案花纹的颜色，通常可分为冷色调与暖色调两类。冷色调包括蓝、绿、青、白、灰等色，暖色调包括黄、橙、红、棕等色。凡用多色装饰的茶具可以主色划分归类。茶器色泽的选择是指外观颜色的选择搭配，其原则是要与茶叶相配，茶具内壁以白色为好，能真实反映茶汤色泽与明亮度，并应注意主茶具中壶、盅、杯的色彩搭配，再辅以船、托、盖置，力求浑然一体，天衣无缝。最后以主茶具的色泽为基准，配以辅助用品。

具体来说，品饮不同的茶叶，选用不同的茶具。

（1）绿茶类。名优茶：透明无花纹、无色彩、无盖玻璃杯或白瓷、青瓷、青花瓷无盖杯。大宗茶：单人用具，夏秋季可用无盖、有花纹或冷色调的玻璃杯；春冬季可用青瓷、青花瓷等各种冷色调瓷盖杯。多人用具，宜用青瓷、青花瓷、白瓷等各种冷色调壶杯具。

（2）黄茶类。奶白瓷、黄釉颜色瓷和以黄、橙为主色的五彩壶杯具、盖碗和盖杯。

（3）红茶类。条红茶：紫砂（杯内壁上白釉）、白瓷、白底红花瓷、各种红釉瓷的壶杯具、盖杯、盖碗。红碎茶：紫砂（杯内壁上白釉）以及白、黄底色描橙、红花和各种暖色瓷的咖啡壶具。

（4）白茶类。白瓷或黄泥炻器壶杯，或用反差极大且内壁有色的黑瓷，以衬托出白毫。

（5）青茶类。轻发酵及重发酵类：白瓷及白底花瓷壶杯具或盖碗、盖杯。半发酵及轻焙火类：朱泥或灰褐系列炻器壶杯具。半发酵及重焙火类：紫砂壶杯具。

（6）花茶类。青瓷、青花瓷、斗彩、五彩等品种的盖碗、盖杯、壶杯套具。

4. 其他因素影响　茶具对茶品质的影响还有一些其他因素，如茶具的感觉。此外茶具的保温、便携、齐全、耐用等因素也直接或间接地影响泡茶、品茶的过程。

茶器具的"感觉"尤为重要，感觉主要是对品茗杯的要求。品茗时特别需要感觉，在中国茶道艺术中，感觉几乎是至上的。但在茶事活动中，人们往往会忽视。品茗杯不仅外形要具特色，色泽应宜茶，而且要注重品茗杯的大小、壁厚程度、杯口的弧形特征等。特别是工夫茶品茗小杯，端杯应有稳定感，品茗时有舒适的口感。将"感觉"推而广之，对其他一些茶具，如茶壶盖钮、壶柄也应形制合理、手感好。

茶器具中，凡用于泡茶、品茶的主器具，一般都有保温性要求。只有选配了保温性能、散热特性符合要求的器具，也就是掌握了器具的保温散热特点，才能确保茶艺全过程的完美。

外出携带用的茶器具要具有便携的特性，所选茶具应简易方便，形成精巧组合。齐全是相对于需求而言的，从茶艺的需求出发，要有意境的追求、文化的品味、生活艺术的讲究，茶器具的齐全便不可忽视。耐用也是实用，茶艺是在实用性的基础上追求艺术性。

二、茶器具对茶艺演示的影响

在茶艺演示中，茶器具的选择不仅要在特性上满足演示要求，茶器具的工艺也要符合茶艺演示。

1. 茶器具优良的工艺至关重要　优良的工艺是指茶器具在制造上的精良程度。如玻璃杯，应外形无缺陷，透明度高，大小适宜，不要使用残次商品；盖碗杯的瓷质应细腻光滑，杯身特别是内壁应洁白无瑕，盖杯圆弧相配；紫砂壶应质地细腻、制作精细，无论方圆皆构思精妙，具有高雅的气度，透出韵律感，在密封性、摆放平稳、出水润畅、无滴水等方面符合要求，不要贪便宜购进粗制滥造或泡浆、打蜡的劣品。优良工艺的茶具可以提高表演层次，也会是表演者心情愉悦，同时对品茗者也是一种美的享受。

盖瓯茶具（松萝茶具）

2. 风格独特让茶艺演示富有魅力

茶器具的独特风格主要表现在茶具的造型、色彩、文化内涵的融合3个方面。茶器具在造型上追求富含创意、神形兼备；在色彩上或高雅、或富丽、或恬淡，一般茶人均崇尚高雅，摒弃艳俗，追求返璞归真，反对矫揉造作；在文化内容上，壶杯用具往往绘以山水，制以诗词，琢以细饰，增添艺术气息、书卷气息。这就让茶艺演示富有魅力，使人们觉得赏心悦目。

盖瓯茶具（摄于茗香茶庄）

3. 组合和谐是赏心悦目的前提

茶器具是个组合，应依功能需要互相匹配协调。一个茶器具组合应当和谐相配，给人以赏心悦目的感受。其中应注意各种器具在材质上能互相映照、沟通，共同形成一种气质，在造型体积上要做到配合得体，错落有致，高矮有方，风格一致。

4. 观赏把玩是文化品位的追求　茶器具的观赏性、把玩功能是所有茶人共同追求的。因此，在满足使用功能的前提下，应努力满足观赏把玩的需要。市场上有些茶器具造型俗气、比例不当、使用不顺手，不但影响茶艺演示的流畅进行，更无欣赏价值可言。而有的茶器具件件细致精妙、加工精细，即使是一支茶针也足可让茶人把玩一番，让茶艺演示更显雅趣。

第三节　茶器具的组合

一、茶器具组合要点

中国的茶具组合可追溯到唐代陆羽。陆羽在《茶经·四之器》设计和归整了 24 件茶器具及附件的茶具组合。此后，历代茶人又对茶具在形式和功能上不断创新、发展，并融入人文艺术精神，使茶具组合这一艺术表现形式不断充实和完善。

茶具组合，个件数量一般可按两种类型确定，一是必须使用而又不可替代的，如壶、杯、罐、则（匙）、煮水器等；二是齐全组合，包括不可替代和可替代的个件。如备水用具水方（清水罐）、煮水器（热水瓶）、水勺等；泡茶用具茶壶、茶杯（茶盏、盖碗）、茶则（茶匙）、茶叶罐等；品茶用具茶海（公道杯、茶盅）、品茗杯、闻香杯、杯托等；辅助用具茶荷、茶针、茶夹、茶漏、茶盘、茶巾、茶

茶匙组合

池（茶船）、茶滤及托架、茶碟、茶桌（茶几）等。

茶具组合的基本特征是实用性和艺术性相融合。实用性决定艺术性，艺术性又服务实用性。因此，无论是何种茶具组合，在它的质地、造型、体积、色彩、内涵等方面，应作为重要部分加以考虑，做到质地相同，造型、体积、色彩协调，内涵符合主题。这样不仅可以泡好茶，更使其具有观赏性。

二、茶器具组合范例

随着茶艺的不断发展，茶器具的选配、组合在各种茶事活动中越来越引起人们的关注，不仅具有浓郁的民族传统特征，蕴含了茶文化，具有相当的艺术性，而且融合了时代精神、符合人们审美情趣。常见的工夫茶具组合就有不同组合方式，例如台式工夫茶具组合。台式工夫茶具组合是在传统工夫茶具组合上做了改革创新。其组合茶具一般为：紫砂小壶、品茗杯、闻香杯、茶船、公道杯、茶荷、随手泡、水方、茶则、茶叶罐、茶巾、托盘等。如若把台式工夫茶具中的闻香杯拿去，便是传统的工夫茶泡饮组合。若把茶具材质更改为瓷器，紫砂壶更改为盖碗（盖瓯），这种组合方式现今普遍运用于茶艺馆等各种饮茶场所，此组合适合冲泡多种茶品。

茶器具组合方式多种多样，综合来讲，有如下 4 种：

盖瓯茶具组合

壶盅双杯茶具组合

玻璃杯具组合

盖碗杯具组合

1. 特别配置 讲究精美、齐全、高品位和艺术性。一般会依据某种文化创意来组合，件数多、分工细，使用时一般不使用替代物件，力求完美、高雅，甚至件件器物都能引经据典，具有文化内涵。

2. 全配 以能够满足各种茶的泡饮需要为目标，只是在器件的精美、质地、艺术等要求上较"特别配置"低些。

3. 常配 是一种中等配置原则，以满足日常一般泡饮需求为目标。常见的茶具有：一个方便倒茶弃水的茶船、茶壶、适量的杯盏、茶叶罐、茶则、公道杯。这种茶具的组合搭配在多数饮茶家庭及办公接待场所均可使用。

4. 简配 简配有两种，一种是日常生活的茶具简配，一种为方便旅行携带的简配。家用、个人用简配一般在"常配"基础上，省去茶船、公道杯、杯盏也简略一些，不求与不同茶品的个性对应，只求方便使用而已。

第四节 茶器具的清洁与保养

茶为洁物，品饮为雅事。茶具的清洁与保养工作可以视为茶事的一个组成部分，一般说有以下几项工作要认真做好。

一、茶具的清洁工作

无论是泡茶前还是饮茶后，器具的清洁工作必不可少。一般泡茶前应先行将所有器具检查一遍并逐一做好清洁工作，其中壶杯器具应洗烫干净，抹拭光亮备用，茶匙组合等器件也应抹拭一遍。茶饮结束后，也不能忘记以布巾擦拭，泡饮用具中的茶壶、茶杯尤应先清水，后热水烫洗干净，拭干后收放起来，防止残留水痕和尘埃污染。

二、茶具的保养知识

古人讲究饮茶之道的一个重要表现，是非常注重茶具本身的艺术，一套精致的茶具配上色、香、味三绝的名茶，可谓相得益彰。因此茶具也需要精心的保养。茶具使用后应立即用清水冲洗干净，千万不要用手或布以及粗糙的东西来擦洗其内部，更不要用嘴直接在壶嘴上吸，以防串味。这样，茶具用久了，即使不放茶叶也可以冲泡出色味俱佳的茶水。平时不怎么用的茶具应该清洗干净后打一层蜡，放在干燥的地方。

1. 紫砂壶的保养 紫砂壶是喝茶人的珍宝，但要使紫砂壶表现出真正的个性，就要有正确的养壶方法。泡壶是最好的养壶方法之一，具体可分以下6点：

（1）彻底将壶身内外清洗干净。无论是新壶还是旧壶，保养之前要把壶身上的

紫砂壶

蜡、油、污、茶垢等清洗干净。

（2）实实在在的泡茶。泡茶次数越多，壶吸收的茶汁就越多，土胎吸收到某一程度，就会透到壶表发出润泽如玉的光芒。

（3）切忌沾到油污。茶壶最忌油污，沾后必须马上清洗，否则会留下油痕。

（4）擦与刷要适度。壶表淋到茶汁后，用软毛小刷子，将壶中积茶轻轻刷洗，用开水冲净，再用清洁的茶巾稍加擦拭即可，切忌不断用力地搓洗。

（5）喝完茶要清理晾干茶具，要将茶渣清除干净，以免产生异味，又需重新整理。

（6）让壶有休息的时间。勤泡一段时间后，茶壶需要休息，使土胎能自然彻底干燥，再使用时才能更好地吸收。

2. 其他茶具保养　如果茶杯上浸入茶渍，可用软布蘸少许食盐擦拭。随手泡和长嘴铜壶因为是金属制造，壶身上很容易留下水渍，斑斑点点的很不雅观，可用软布蘸少许食碱轻轻擦拭，随后用清水拭净，用干布擦干，又会光亮如新。

此外，茶具应有专门的收存容器和空间，并置于不被碰撞之处。收存时应备专

茶具收存

用的巾布、软纸予以包裹、垫衬，使之安全。如茶匙组合用具因易折断，在收放时应加以注意。妥善保管好茶具，避免茶具破损。齐全、良好的茶具才能不妨碍泡茶、品茶时的好心情。

复习思考题

1. 试简单总结茶器具的发展历程，列出随着朝代变更，各茶具的出现与衰退。
2. 根据本章所学知识，尝试为一位常饮花茶与普洱茶者的家中设计一套茶具组合，详细列出所需茶器具并对茶器具做出要求。

第五章

茶之雅——茶艺技艺

茶艺是包括茶叶品评技法和艺术操作手段的鉴赏以及对品茗美好环境的领略，其过程体现物质和精神的相互统一，是饮茶活动中形成的文化现象。正确的冲泡方法，能充分发挥茶性、展现茶的雅致。人们在领略生活情趣、愉悦身心的同时，也蕴含着一种高雅的情致。细品无处不在的缕缕清香、细看异彩纷呈的茶艺，犹如翻开了绚丽多彩的茶文化画卷。

第一节 茶艺的类型

纵观茶艺的发展历史，有煎茶茶艺、点茶茶艺和泡茶茶艺。当代在茶艺的应用过程中，也已形成了多种类型，这里仅以茶艺的表现形式来分，将茶艺分为生活型茶艺和表演型茶艺两种类型，并加以介绍。

一、生活型茶艺

生活型茶艺就是在日常生活中为客人提供泡茶品饮的茶艺。常见于茶艺馆中，客人落座后，茶艺人员根据客人的要求，准备合适的茶叶，选择相配套的器具，按照行茶的程序，冲泡出一壶（杯）好茶来，具有一定的观赏性。主要包括绿茶茶艺、乌龙茶茶艺、红茶茶艺、黄茶茶艺、白茶茶艺、普洱茶茶艺和花茶茶艺。生活型茶艺具有传统性和改良性的两个基本特点。传统性是在民间一直流传而未经过专业人员培训的茶艺。如四川地区的盖碗杯茶艺，我国北方地区的盖碗杯冲泡花茶茶艺，闽粤地区用小壶小杯冲泡乌龙茶的功夫茶艺，在江浙一带用玻璃杯冲泡绿茶茶艺等。改良性是在传统茶艺的基础上加以整理和改良，使之合理化、规范化、艺术化的茶艺。

1. 绿茶茶艺 绿茶属于不发酵茶，其特点是清汤绿叶。品种非常丰富，外观形状、品质各不相同，因此冲泡方法也不尽相同。如普通绿茶一般选用青花瓷盖碗杯或壶杯具；名优绿茶则选用无花透明玻璃杯，以便观赏杯中的茶芽优美形态和碧绿晶莹的茶汤，令人赏心悦

绿茶茶艺

目。绿茶茶艺常见的表现形式有：玻璃杯泡茶艺、盖碗杯泡茶艺和壶泡茶艺。

2. 红茶茶艺 红茶是全发酵茶，饮用广泛。红茶色泽黑褐油润，香气浓郁，滋味醇厚，汤色红艳透黄，叶底嫩匀红亮。红茶之所以迷人，不仅由于它色艳味醇，而且更由于它收敛性差，性情温和，广交能容。一般有清饮法和调饮法。清饮法是大多数地方饮用红茶的方法，即在茶汤中不加任何调味品，使茶叶发挥固有的香味，领略红茶独特的风味。调饮法是在茶汤中加入调料，常见的是在茶汤中加入糖、牛奶、柠檬、咖啡、蜂蜜等。红茶茶艺常见的表现形式有：壶泡茶艺和杯泡茶艺。

3. 黄茶、白茶茶艺 黄茶和白茶属于轻微发酵茶，一般选用细嫩的芽叶精制而成，冲泡黄茶、白茶与绿茶相差不大。

4. 乌龙茶茶艺 乌龙茶属于半发酵茶，品质介于绿茶与红茶之间，既有绿茶的清香，又有红茶的浓醇，用小杯细品乌龙茶，不仅可以解渴，而且还是一种艺术享受。"绿叶红镶边"是乌龙茶独具的特点，茶叶冲泡后叶片红绿相映，十分秀美。汤色金黄或橙黄，还含有天然的花香。乌龙茶冲泡可用紫砂壶，也可选用盖瓯冲泡。乌龙茶茶艺常见的表现形式有：壶杯泡茶艺、壶盅单杯泡茶艺、壶盅双杯泡茶艺和盖瓯泡茶艺。

5. 普洱茶茶艺 普洱茶是黑茶类，属于后发酵茶，是我国特有的茶类。有散茶和紧压茶、新茶和陈茶、生茶和熟茶之分。一般说来，凡属上乘的普洱茶，外形紧结，条索粗壮，色泽乌润，汤色橙黄，滋味甘滑，具有独特的陈香味。根据普洱茶的品质特点和耐泡特性，一般可以选用紫砂壶、盖瓯冲泡。茶艺常见的表现形式有：壶盅单杯泡茶艺和盖瓯泡茶艺。

6. 花茶茶艺 花茶是诗一般的茶叶，融茶味之美、鲜花之香于一体，是茶中的艺术品。对于北方人来说，花茶更能代表北方的一种文化，它融茶之清韵与花之香韵于一体，茶香、花香相得益彰。花茶又名"香片"、"窨花茶"等，冲泡花茶一般选用盖碗杯具，便于闻香、品味，也是一种较为雅致得体的品茶方法。茶艺常见的表现形式有：盖碗泡茶艺和壶泡茶艺。

案例：《乌龙茶茶艺》

1. 基本器具 电热随手泡、茶样罐、紫砂茶壶、公道杯、品茗杯、闻香杯、杯托、茶箸筒（茶匙、茶夹、茶则、茶干漏等）、茶荷、双层茶盘、茶巾等。

2. 行茶程序

（1）备具——将茶具备好，并依沏泡时的顺序放置好。

（2）备水。将泡茶用水烧开，水温达到95℃以上，正好适合冲泡乌龙茶。

（3）洁具。即用开水烫洗茶壶，将温壶水倒入茶盅，将温盅水倒入闻香杯和品茗杯中，再将闻香杯倒置在品茗杯内。

（4）赏茶。请来宾鉴赏干茶的色泽、外形以及闻干茶香。

备　具

(5) 置茶。将茶叶用茶匙拨入紫砂壶中,投放量为壶容积的1/3左右,如果是外形较松散的,茶叶需占到壶的一半。

(6) 洗茶。水满茶叶即可,也称温润泡。将开水倒入茶壶后,立即倒去水,将茶叶表面尘污洗去,使茶叶湿润并提高温度,使香味能更好地发挥,寓意为洗去泡茶和喝茶人心中的杂念。

(7) 高冲。提起水壶,对准泡茶壶,从低到高,细水长流,激荡茶叶,激发茶性,以便泡出茶之真味。

洁　具

高　冲

(8) 刮沫。用壶盖推去壶口浮沫。将壶盖盖好。

(9) 淋盖。将洗茶的水淋浇壶身,一是冲去壶口浮沫杂质,二是烫壶保温,使壶内外温度保持一致,也可起到养壶的作用。

(10) 洗杯。将闻香杯从品茗杯中抽出,并将品茗杯中的水倒去。

(11) 出汤。此时茶已泡好,乃茶之精华,将壶内的茶汤倒入公道杯中。

(12) 分茶。将公道杯中的茶汤依次巡回多次低斟(避免香气逸失)于紧挨着的闻香杯中,以保证茶汤浓淡均匀。"只倒七分满,留下三分是情意"。

(13) 翻杯。将品茗杯倒扣在闻香杯上,然后翻转过来。

(14) 奉茶。将茶汤用双手敬奉给客人,并行伸手礼。

出　汤

奉　茶

(15) 闻香。将闻香杯轻轻抽出,移至鼻端前后或左右徐徐移动,嗅闻茶之热香。

(16) 观色。观赏杯中茶汤的颜色和光泽。

(17) 品尝。将杯中茶汤分三口啜饮,徐徐咽下。正所谓一口为喝,二口为饮,三口才称之为品。

(18) 收具。将茶具收拾复原。

二、表演型茶艺

茶艺随着进一步的发展,不再只是简单的泡茶动作的演示,而是综合吸收了舞蹈、戏剧、音乐、绘画、工艺等诸多艺术门类的元素,同时,借助于人物、道具、舞台、灯光、音响、字画、花草等的密切配合及合理编排,给品饮者以高尚、美好的享受,给表演带来活力,这就是表演型茶艺。因此,表演型茶艺就是通过茶叶的冲泡和品饮等一系列形体动作,反映一定的生活现象,表达一定的主题思想,具有一定的场景和情节,讲究舞台艺术和音乐的配合,使人得到熏陶和启示,也给人以审美愉悦的茶艺。这门新型的表演艺术使茶艺充满了无穷的魅力,各地茶文化工作者们相继编创了许多内容丰富、形式多样的表演型茶艺,这种新型文艺形式已成为舞台上一个新的艺术品种,在中华大地的茶艺活动中"百花齐放,推陈出新"。主要有民俗茶艺、名茶茶艺、宫廷茶艺、宗教茶艺等。

新娘茶(江西省婺源茶叶学校茶艺表演队)

1. 民俗茶艺 民俗茶艺是指将浓郁的民族特色与饮茶风俗于一体的茶艺表演形式。民俗茶艺与民风民情有很密切的关系,因此也有着各种各样的形式和风格。表演者服饰具有地方民族特色,或艳丽、或古朴;表演时,有的还载歌载舞,极具乡土特色。如四川的盖碗茶、白族的三道茶、傣族的迎宾茶、福建的惠安女茶、徽州的新娘茶、农家茶等。

2. 名茶茶艺 名茶茶艺是指以地方名茶与地方文化相结合而发展演绎而来的茶艺形式,表演者通过特色名茶的冲泡表演来展示名茶的品性和地方的文化,对地方名茶的推介宣传起了一定的作用,艺术性、观赏性都很强。目前各地举办的茶文化节、茶叶博览会、名茶推介会等,都有各式各样的名茶茶艺表演,如龙井问茶、黄山毛峰茶艺、祁门红茶茶艺、安溪铁观音茶艺等。

3. 宫廷茶艺 历史上的茶文化是由宫廷、寺庙、士人和民间四股力量,相互作用推动而发展的。宫廷不种茶,不制茶,只饮茶,但是宫廷的茶品都是地方和民间呈贡的最上等的茶叶。1987年2月,从法门寺地宫里出土了唐僖宗用过的金银茶具,精美异常,由此可见,宫廷饮茶的用具、茶品等都是第一流的。同时,宫廷爱好哪些茶品、器重哪些茶具，对民间的自然有很大的倡导和推动作用。现代的宫廷茶艺则是根据史料改编而成，是对古代宫廷饮茶生活的模仿，与其他茶艺相比，富丽堂皇是宫廷茶艺最主要的特点。如仿唐代宫廷茶、仿清代宫廷茶等。

4. 宗教茶艺 宗教茶艺主要是指佛教茶艺和道教茶艺。虽然宗教茶艺的成形较晚，但茶艺对宗教的影响却很早，成为宗教活动中的一个重要内容。佛教提倡无欲无念，清心寡欲；道教提倡清静无为。而茶质性淡，既符合佛教戒酒禁欲，忍苦受难的教义，也体现了道家清静无为的哲学思想。例如道家的神仙茶、太极茶、道茶；佛教的佛茶、禅茶、观音茶、罗汉茶等。

道　茶

案例：《祁门红茶茶艺》

1. 人员　4位。

2. 背景　祁门红茶相关元素。

3. 音乐　黄梅戏选段。

4. 服装　红色丝质套裙。

5. 器具　铜制开水壶、祁门红茶茶样罐、红色瓷器壶杯、茶洗、茶箸筒（内有茶匙等）、茶巾、奉茶盘等。

6. 道具　古典丝质小扇。

7. 流程

祁门红茶茶艺（安徽省黄山茶业学校茶艺表演队）

（1）进场。4位表演者随着音乐的节奏，手拿小扇缓缓走到表演台上。主泡位于泡茶台中间，助泡分别站于主泡两侧。

（2）行礼。4人同时行鞠躬礼。

（3）备具。两边助泡分别将托盘里的茶具逐一递给主泡，由主泡按顺依次摆放在泡茶台上。

（4）烫壶。主泡提起开水壶将水冲入壶杯中，先烫洗茶壶（助泡协助递开水壶）。

（5）投茶。主泡用茶匙将茶罐中的茶拨入茶壶（助泡协助递茶叶罐）。

（6）润茶。主泡冲水入壶浸润茶叶，润茶后将水倒入茶洗。

（7）高冲。接着主泡采用高冲手法冲水入壶。

（8）洗杯。随着音乐节奏清洗品茗杯。

（9）分茶。主泡采用循环分茶法，将茶壶中的茶汤依次分入品茗杯中。

（10）奉茶。由助泡将茶敬奉给嘉宾。

（11）品茶。随音乐节奏演示品茶方法。

（12）退场。四人行鞠躬礼，随音乐节奏退场。

第二节　茶艺的冲泡要领

泡茶是生活常事，但真正泡好一壶茶又是一项技艺、一门艺术，因为在冲泡的过程中，涉及茶叶的用量、冲泡的水温、浸泡的时间和冲泡的次数等要素，把握好这些要素之间的关系，就是茶艺的基本技艺。因此，茶叶的用量、冲泡的水温、浸泡的时间和冲泡的次数就构成了茶艺的冲泡要领。

一、茶叶的用量

俗话说"细茶粗吃、粗茶细吃"，说明茶叶的用量对泡好一杯茶有很大的影响。所以就一般而言，细嫩的茶叶，用量要多些；较粗老的茶叶，用量可少些。另外，茶叶的用量应不同的茶具、不同的茶叶等级以及个人饮茶习惯也会有所差别，但根据茶类及惯用的泡法，大体上可以将茶叶的投放量归纳为以下几种情况。

1. 绿茶、白茶和黄茶　一般绿茶、白茶和黄茶 1g，冲入开水 50～60mL。通常一只容量在 150～200mL 的玻璃杯，投茶 3～4g。另外，细嫩的名优绿茶、白茶和黄茶，比如黄山毛峰、西湖龙井、君山银针等，在冲泡时，投茶量应恰到好处，太多和太少都不利于欣赏到杯中茶的姿形景观。

2. 红茶　红茶品饮，有清饮和调饮两种。清饮，普通的红茶 1g，冲入开水 50～60mL 为宜，如果是红碎茶，适当减少投茶量；调饮，是在茶汤中加入调料，如加入糖、牛奶、柠檬、咖啡等，茶叶的投放量则可随品饮者的口味而定。

3. 乌龙茶　乌龙茶的冲泡一般采用壶泡，根据品茶人数选择大小适宜的壶进行冲泡。一般用量占壶容量的五至六成，同时视茶叶的紧结度适当增减，因为我国的乌龙茶品种丰富，茶叶外形差异较大，如武夷岩茶呈粗壮的条索状、铁观音呈螺钉状、台湾的冻顶乌龙呈外形紧结的半球状等等，因此投放量应视茶叶的紧结度适当增减，条索紧结的乌龙茶投放量适当减少，条索松散的乌龙茶投放量适当增加。

茶　样

乌龙茶的用量

4. 黑茶　以普洱茶为例，有壶泡和盖碗泡，如采用壶泡，投茶量一般占壶容量的三四成；如采用盖碗泡，投茶量为 5～8g。

5. 花茶　花茶的品饮，多用盖碗杯冲泡，视盖碗杯大小，一般每碗投茶 2～3g。

投茶量的多少还要因人而异，如果饮茶者是老茶客或是体力劳动者，一般可以适当加大投茶量；如果饮茶者是新茶客或是脑力劳动者，可以适当减少投茶量。因为茶叶中含有鞣酸，太多太浓，会收缩消化道黏膜，妨碍胃吸收，引起便秘和牙黄，所以浓茶有损胃气，对脾胃虚寒者更甚，同时，茶汤太浓和太淡也不易体会出茶香嫩的味道。因此，茶叶的投放量应适度，茶汤才会浓淡适中。

二、冲泡的水温

水温的高低是泡好一杯茶的关键，水温过高，茶叶烫熟发黄，茶汤失去鲜爽感，而茶叶的色、香、味、形都会被破坏。如果水温过低，茶叶会浮在汤面上，香气低、汤色浅，滋味也很淡，无法体现茶叶的色、香、味、形的特征。

1. 绿茶　普通绿茶，一般用 90～95℃的水冲泡；名优绿茶多是采用细嫩的芽叶加工而成，一般采用 85℃左右的水冲泡，只有这样，泡出来的茶汤清澈不浑，香气纯正，滋味鲜爽，叶底明亮，使人饮之可口。如果水温过高，汤色就会发黄，茶芽也会因"泡熟而不能直立"，不但失去了欣赏性，茶叶中高含量的维生素等对人体有益的营养成分也会遭到破坏，从而使名优茶的清香和鲜爽味降低，叶底泛黄，这样就无法体现名优茶的品质了。

2. 白茶和黄茶　白茶和黄茶多采用细嫩的茶芽为原料加工而成，与名优绿茶相比，有的还更为细嫩，因此冲泡时的水温一般为 75～80℃，才不至于被烫熟，从而使茶汤清澈明亮，香气纯而不钝，滋味鲜而不熟，叶底明而不暗，饮之可口，视之幼嫩。

3. 红茶　红茶属于全发酵茶，原料老嫩适中，水温一般在 95℃左右即可。

4. 乌龙茶和黑茶　乌龙茶和黑茶一般选用较成熟的芽叶为原料加工而成，加之投茶量较多，所以须用 100℃沸水冲泡，而且在冲泡时还需将茶具烫热后再泡茶，同时还要用沸水淋壶，其目的是提高温度，使茶汁充分浸泡出来，以便于茶香散发。另外，对于用粗老原料加工而成的砖茶即使用 100℃的沸水冲泡，也很难将其茶汁浸泡出来，还须先其打碎放入容器中，加入一定量的水，进行煎煮，方可饮用。

5. 花茶　花茶的泡饮方法，以能维护香气不致无效散失和显示茶坯特质美为原则。如果是茶坯特别细嫩的花茶，水温一般在 90℃左右，中档花茶，一般用 95～100℃的水温冲泡，才能将花茶的茶味、花香一并冲泡开来。

酒精炉

此外，泡茶水温还受到下列一些因素的影响：

1. 环境温度　不同的季节，室内外温度会有明显的差异，对泡茶水温也有明显影响；室内有没有暖气和空调，对泡茶水温也有影响。

2. 茶叶冷藏 冷藏后的茶叶，应视干茶温度适当提高泡茶水温。

泡茶的水温，通常是指将宜茶用水烧沸后，再让其自然冷却至所需的温度，如果用经过人工处理的矿泉水或纯净水，只需烧至所需的水温即可。

三、浸泡的时间

泡茶时，茶叶的浸泡时间必须适中，如果时间太短，茶汤会淡而无味，香气不足；如果时间过长，茶汤太浓，茶色过深，茶香也会因飘逸散发而变得淡薄。因为茶汤的滋味会随着冲泡时间的延长而逐渐增浓。所以，在不同的时间段，茶汤的滋味、香气也是不一样的。

根据研究测定，茶叶用沸水冲泡，首先浸出的是维生素、氨基酸、咖啡碱，大约在 3min，这些物质在茶汤中已有较高的含量，使茶汤喝起来有鲜爽、醇和之感，随着茶叶浸泡时间的延长，茶叶中的茶多酚类物质陆续被浸泡出来，大约到 5min 时，茶汤的鲜爽味减弱，苦涩味等相对增加。所以，为了获得一杯既鲜爽又甘醇的茶汤，头泡茶以浸泡 3min 左右饮用为好。

祁门红茶

茶叶中的各种物质在沸水中浸出的快慢，不但与浸泡时间长短有关，还与茶叶的老嫩及加工方式有关。一般说来，细嫩的茶叶比粗老的茶叶，茶汁容易浸出，浸泡的时间应短些；反之应长一些。

1. 绿茶和红茶 一般普通的绿茶、红茶，浸泡 3min 左右饮用为好，若想再饮，到杯中剩有 1/3 茶汤时，再续开水饮用。

2. 白茶和黄茶 白茶和黄茶在加工时，未经揉捻，加之冲泡水温又低，茶汁不易浸出，需延长浸泡时间。一般浸泡 4～5min 后饮用为好，不过可以在这段时间尽情地欣赏茶姿茶舞。

3. 乌龙茶和黑茶 乌龙茶和黑茶多采用壶泡，加之用茶量较大，一般第一泡 1min 以内将茶汤倒出，从第二泡起，每次比前一泡延长 15s 左右，这样可使前后茶汤浓度比较均匀。

4. 花茶 一般花茶冲泡，5min 后闻香气，品茶味。

就一般情况而言，茶汤浸泡时间的长短，最终还是以品饮者的口味来确定。

四、冲泡的次数

据测定，一般茶叶泡第一次时，其可溶性物质能浸出 55%；泡第二次时，能浸出 30% 左右；泡第三次时，能浸 10% 左右；泡第四次，则所剩无几了。所以，通常以冲泡 3 次为宜。但具体到茶叶冲泡的次数，也应该根据茶叶种类和饮茶方式而定。

1. 绿茶 普通绿茶一般以冲泡 3～4 次为宜，名优绿茶以冲泡 2～3 次为宜。就拿黄山毛峰来说吧，一般以冲泡3次为好，从茶叶的香气、滋味而言，第一泡茶香味鲜爽，第二泡茶浓而不鲜，第三泡茶应是香尽味淡了。

2. 红茶 红茶是全发酵型茶，较之绿茶耐冲泡些，一般以冲泡4~5次为宜，但红碎茶由于颗粒小，细胞破碎率高，浸出率大于绿茶，往往多采用1~2次冲泡法。

3. 白茶和黄茶 白茶和黄茶由于芽叶细嫩，通常以冲泡1~2次为宜。

4. 乌龙茶和黑茶 乌龙茶和黑茶由于芽叶较成熟，加之冲泡时用茶量较大，所以耐冲泡，可达到8泡有余香，9泡仍有余味。

5. 花茶 一般花茶冲泡以3次为宜。3次泡饮后，茶味已淡，不宜再续饮了。

要想将茶的色、香、味、形充分展示出来，在茶汤中获得美妙的享受，冲泡要领的掌握至关重要。学习时，可以借助天平、温度计、计时器等仪器，准确无误、认认真真地练习。

第三节　茶艺要素

茶艺这门生活艺术，要使其做到尽善尽美，必须是人文要素和物质要素互相结合，才能充分体现茶艺之美、展示茶艺之雅。

一、人文要素

人文要素主要由人、境、艺三部分组成。

1. 人美 人是泡茶的主体，是茶艺中最根本的要素。人美是茶艺美的核心，从表演者角度来看，人美又分为心灵美、外表美和行为美。

（1）心灵美。心灵美亦称"内心美"、"精神美"，是人的思想、情操、意志、道德和行为美的综合体现，是人的"深层"美。这种美与外表美、行为美等表层的美相协调，才可造就出茶人完整的美。茶艺能净化人的心灵，通过茶艺熏陶，能去除杂念，完善心灵，使人的精神境界不断得到升华。因此，心灵美是所有茶艺参与者应追求的。

（2）外表美。外表美主要包括形体、服饰、发型等内容。对于生活型茶艺来说，茶艺演示者要求衣着干净、整洁大方、手指干净、头发干净整齐等。

气质美

而对于表演型茶艺来说，茶艺表演者自身就是艺术美的重要组成部分，因此对形体要求较高，只有形体达到一定的美学要求，才有利于表达表演型茶艺的美学元素。也就是说，表演型茶艺更侧重于由心灵美、外表美等结合在一起所表现出来的气质美。气质美是对茶艺表演者的一种更高的要求，因此，必须要在平时的训练中全身心地投入，除了动作和形体的训练外，还应注重知识的吸取，努力让自己拥有气质美，展现出自己良好的精神面貌和素质。

（3）行为美。行为美是心灵美的外在表现形式，包括语言美、礼节美等。茶是礼仪的象征，因此茶艺演示者更应注重行为美，谈吐文雅、语气柔和、亲切，态度真诚，彬彬有礼。在语言美中多用"您"、"请"、"谢谢"等礼貌用语。在茶艺操作过程中，注意茶艺礼节，规范操作，行鞠躬礼、注目礼、伸手礼等礼节。特别注意眼神的运用，同时配合微笑的面部表情，让观赏者感受到情真意切的温暖与热情。

2. 境美　境就是品茗意境的营造，是茶艺不可缺少的组成部分。良好的意境有助于增强茶艺效果。

（1）环境美。所谓环境，即品茶的场所，它包括外部环境和内部环境两个部分。对于外部环境，讲究野幽清寂，渴望回归自然。对于内部环境要求窗明几净，装修简素，格调高雅，气氛温馨，使人有亲切感和舒适感。古往今来，历代名家无不注重品茗环境的选择，希望有"景、情、味"三者的有机结合，从而产生最佳的心境和精神状态。时至今日，品茗环境的营造更为重

境美（黄山谢裕大茶叶股份有限公司茶行）

要。清山秀水、小桥亭榭、琴棋书画、幽居雅室，是茶艺表演最为理想的环境。

（2）心境美。心境包括茶艺表演者的心境和茶艺观赏者的心境。茶艺的演示和欣赏，不光要具备环境因素，还必须依赖于良好的心境。只有内在心境与外在环境相吻合，并达到高度一致时，才会出现忘我的境地而沉浸于美的精神享受之中。

总之，茶艺要求安静、清新、舒适、干净，四周可陈列茶文化的艺术品，或一幅画、一件陶瓷工艺品、一束插花、一个盆景等，这些都应随着主题的不同而变化布置，或典雅、或宁静、或古朴等，营造一个良好的品茗意境。

3. 艺美　艺是冲泡技艺的掌握，是茶艺要素中最为关键的要素。一壶茶泡得好坏，全看技艺掌握得如何；能不能让观赏者得到物质和精神的双重享受，也要看技艺掌握得如何。

从茶艺演示过程来看，包括备具、煮水、赏茶、洁具、置茶、冲泡、奉茶、品尝等步骤。从表面来看，每一个步骤都很简单，很好操作，然而，要使你的整个操作过程都很讲究科学、艺术，你的演示很有特色，值得品茗者去欣赏，也绝非一件易事。也就是说不仅要掌握好泡茶的水

艺　美

温、茶水的比例、茶叶浸泡的时间、冲泡的次数和动作的规范等技术问题，还要艺术化地演示出来。俗话说"细节决定成败"，茶艺表演的美就主要体现在细节上，比如洁具。其目的是用热水烫洗茶具，包括茶壶、茶杯等直接接触泡茶和饮茶的茶具。表面看来，只是烫壶杯而已，其实是一个十分重要的环节，又是一项动作非常优美的步骤，首先人要坐正，脸部表情微笑，手臂自然放松，手拿杯的位置，两个手腕的配合，视线随着手的动作流动等，这些是关系到动作是否优美，技巧是否娴熟的关键细节。热气腾腾的水，雅观的姿态，优美的动作，意味着美好的茶艺意境即将进入高潮。

要使茶艺具有观赏性，艺美是最为关键的要素。此外，一味地模仿、照搬，一招一式地学别人，是不可取的，必须有所创新，融入自己的理解，使茶艺缤纷异彩、清丽脱俗。

二、物质要素

物质要素主要由茶、水、器3部分组成。

1. 茶美 茶叶是品茶的物质基础，茶的好坏直接影响到品饮者对茶的鉴赏和品饮。一般对茶进行鉴赏，侧重于色、香、味、形4个方面。

（1）色美。茶色之美主要是指鉴赏干茶的色泽和茶汤色泽之美。不同的茶类具有不同的色泽，汤色更是如此，或嫩绿、或红艳、或橙黄，不同的颜色可以给人带来不同的遐想和不同的美的感受。

（2）香美。茶香之美主要是指茶汤的香气之美。好茶都具有一股清幽怡人的香

茶美（乌龙茶）

气，或淡雅、或浓烈，闻之使人神闲意远。绿茶多为板栗香，有的为清香、毫香、嫩香。红茶有蜜糖香、花香、果香等。乌龙茶多为花果香。细细品闻，徐徐体味茶香之美。

（3）味美。茶味之美是指品饮之后，给人以独特的品味。绿茶的清醇、花茶的甘香、乌龙茶的醇厚、普洱茶的厚滑，无不给人带来独特的美感。人们常说"人生如茶"，品茶，犹如品味人生，重在去感受茶的"味外之味"。

（4）形美。茶形主要是指茶叶的外形。名优茶的外形，千姿百态，具有很高的欣赏价值。特别是一些名优绿茶的外形姿态，或"旗枪"、或"雀舌"、或"银针"。此外，茶叶在冲泡过程中，吸水舒展，或上或下，亭亭玉立。尤其是一些造型工艺茶，在冲泡的过程中更能体现出美的景象。

在茶艺演示的时候，如何将茶发挥得淋漓尽致，充分体现茶之美尤为重要，比如赏茶。让品茗者欣赏茶的外形和色泽；其次，有所侧重地向品饮者介绍茶叶的内在品质，从而引发品茗兴趣，这就是赏茶。从表面看来，只是让品茗者欣赏茶的外形和色泽而已，在演示过程中也只占很短的时间，但对品茗艺术氛围的形成有很好的引导作用，对茶艺效果能产生较大影响。因此，让品茗者欣赏富有特色的优质茶叶，对提升品茶艺术意识，增强品茶情趣很重要。

茶美（祁门红茶）

茶美（黄山毛峰）

茶叶虽小，但其天然的美姿、鲜嫩的色泽以及独特的香韵却能让人感悟到茶的纯真，体味天然，回归自然的感受，这也许正是经历了数千年的茶叶，至今为什么更令人喜爱的主要原因吧。

2. 水美 水是生命之源。故水之于茶，有"水为茶之母"之说。唐代陆羽著《茶经》，提出选择宜茶用水"山水上，江水中，井水下"。明确了水质与茶汤优劣的高度相关性。历代茶人对水质的研究更加精进，都十分讲究泡茶用水，"茶性必发于水。八分之茶遇十分之水，亦十分矣；十分之茶遇八分之水，茶只八分耳"，流传至今年的对联"扬子江中水，蒙顶山上茶"和俗语"龙井茶、虎跑水"，这些都说明了水的

水　美

重要性，水质对茶质的影响，名茶只有配上美水，才能相得益彰，相互辉映。

与水密切相关的是火候。古代，对于煮水的火候有"虾眼、蟹眼、鱼眼、连珠"等不同火候的水中气泡来判断水的温度。陆羽《茶经》三沸之说："其沸如鱼目，微有声，为一沸；缘边如涌泉连珠，为二沸；腾波鼓浪为三沸。"二沸煎茶最好，水嫩水老均不取。唐代盛行煎茶法，把茶放入锅内煮，可以看见水在加热过程中的变化。

到了宋代，盛行点茶法，对火候的要求就更高了，因为点茶对茶汤上面的浮沫要求较高，而这层浮沫要与茶末混在一起才能保持较长的时间。如果水没有煮熟，沫就会浮在表面，与茶联系不够；如果水煮得过熟，茶就会下沉。这两种情况都会影响浮沫的质量。更难的是点茶法是用汤瓶来煮水的，水在瓶中，眼睛无法看到，只能靠耳朵来听声音，判断瓶中水的温度，称为"声辨"。蔡襄在《茶录》中说："候汤最难，未熟则沫浮，过熟则茶沉，前世谓之蟹眼者，过熟汤也。沉瓶中煮之不可辨，故曰候汤最难。"但这也给茶人们带来了很多乐趣。

明清时期,饮茶有了很大的改革,到撮泡法成熟后,在火候上的认识又有了新的发展。说明古人对火候的要求也是很注重的。

此外,茶易吸异味,还应注意燃料的选择。陆羽主张用木炭煮水,干柴次之。炭无烟气,不损茶味。被污染的炭及含脂肪、腐朽的木器不可用。明代张谦所著《茶经》云:"茶须缓火炙,活火煎。"活火指炭之有烟者,无烟气而性力猛炽,令水易沸。炭火少烟气,火力稳定,既不损茶味又便于控制温度,在以柴草为主要燃料的时代,的确最宜煮茶。

现代生活中常用的燃料有煤气、天然气、酒精、煤、炭、柴草及电等,皆可用于煮水泡茶。煮水关键:一是注意通风,以防燃料产生异味影响茶味;二是灶、器保持清洁;三是急火快煮,水沸即离火,不宜长时间沸滚。若长时间沸滚,不但泡茶风味不佳,而且较多的亚硝酸盐会有损人体健康。不少茶艺馆用酒精炉加紫砂壶温水,以供茶客自行冲泡,这时一定要注意保持良好的通风条件,紫砂壶宜小不宜大,将尚未沸腾的热水注入开水壶由酒精炉加热煮至沸腾,即沸即用,用完再加水煮沸。

3. **器美** 茶器具是茶艺的载体,是茶艺的重要组成部分,随着茶艺的发展,对茶器具美的认识也发生了很大的变化。唐代认为青瓷是上佳的茶具,宋代认为黑釉茶具是最好的,明清以后,青花、白瓷及紫砂成为流行的茶具。现代茶品的繁盛,且在品饮中对色、香、味、形的追求,均需要一系列能充分发挥茶叶特质的茶器具,这就使得茶器具异彩纷呈。

器 美

在茶艺不断发展、完善的今天,合理、艺术地选配茶器具不仅能突出对茶品质的影响,同时也给茶艺本身平添无穷魅力,这也正是茶因器美而深韵,器因茶珍而增辉。

在茶艺表演时,茶器具的组合美是茶人在茶艺活动中对美的创造。选配茶器具时要注意,除了要根据所泡茶的种类来选择,还应该注意器具与主题的吻合。除了主要的器具以外,还要注意选择相配套的辅助器具,同时还要注意桌椅、陈设等。比如反映现代主题的茶艺器具可选择紫砂、瓷器、玻璃等多种器具;反映古代主题的茶艺器具就要注意不能选用玻璃器具。有一次国际茶会上,一场声势浩大的唐代宫廷茶艺表演正在进行:表演者身穿仿唐服装,在古典音乐的伴奏下,手提现代的玻璃开水壶正在冲泡青花瓷盖碗杯。表演结束后,专家评论说这是一场"时空逆转的茶艺表演",违背了历史常识,将现代的泡茶方式套用到唐代去,实在是贻笑大方。

除了合理地配器之外,艺术地布器在茶艺表演过程中,也是很重要的。这样才能充分地体现器之美。首先位置要恰当,不能相互遮挡,要让品饮者能看得清清楚楚;其次要便于使用,左手用的茶具摆放在左边,右手用的茶具摆放在右边,以利于操作时使用自如，得心应手。还应注意所有器具的造型、大小配合得体，错落有致，增强艺术感。

总之，茶器具在质地、外形、色泽等方面应当和谐相配，使品饮者能从茶器具组合上获得美的感受，增强品茶意念，提升品茶的艺术效果。

1. 茶艺要素有哪些？
2. 如何把握茶艺的冲泡要领？
3. 试述生活型茶艺和表演型茶艺的概念。

【操作训练】

内容：各类茶品的冲泡。

要求：掌握各类茶品的用量、冲泡水温、浸泡时间和冲泡次数。

地点：茶艺实训室。

用具：天平、计时器、温度计、茶叶等。

方法：教师示范操作、学生操作训练。

作业：收集和整理名茶相关资料。

考核：选择一茶品进行冲泡。

第六章

茶之韵——茶艺表演

茶艺表演是在茶艺的基础上产生的，它是通过茶叶冲泡技艺的形象演示，科学化、生活化、艺术化地展示泡饮过程，使人们在精心营造的幽雅环境氛围中，得到美的熏陶和情操的陶冶。悠扬的音乐、精美的器具、典雅的服饰等艺术化的编排设计，加上表演者行云流水般的表演，使茶之韵味无穷无尽。

第一节 确立茶艺表演的主题

茶艺表演通过一系列的形体动作和冲泡技艺的展示，演绎与茶有关的文化内涵，具有一定的社会意义，借助茶艺表演，有助于人类道德、情操的培养，同时又给人以美的享受。因此，茶艺表演时应表达一定的主题思想，让人们在视觉、感观上得到享受的同时，在精神上也得到一定的熏陶。所以主题思想是茶艺表演的灵魂，它以精炼简洁的文字，或作含蓄表达，或作诗意传递，使人一看即可领悟茶艺表演的大致内容，或迅速领会其中深刻的思想，并获得由感悟带来的愉悦。

禅茶（安徽省天方茶业茶艺表演队）

例如：《禅茶》则是根据佛门喝茶方式及用来招待客人的习惯进行的编创，以体现禅茶一味的思想；《文士茶》则是根据明清时期文人雅士的品茗方式进行编创的，反映的是明清茶文化的高雅风韵；《白族三道茶》则取材于少数民族的茶俗，通过一苦二甜三回味的三道茶，来告诫人们人生要先吃苦后才能享受幸福。因此，有了明确的主题后，才能根据主题来构思，编创表演程序、动作，选择茶具、服装、音乐等进行排练。

茶艺表演主题的确立可以从下面几方面

文士茶茶艺表演
（江西省婺源茶叶学校茶艺表演队）

考虑，从而获取灵感。

一、以茶品为主题

茶，因产地、形状、特性不同而有不同的品类和名称，这就已经包含了许多的主题内容。首先，不同的产地，就让人联想到不同地域的茶文化风情。其次，茶的不同冲泡方式，也给人以不同的艺术感受。如《安溪铁观音茶艺》、《祁门红茶茶艺》等。

杭州高级茶艺师袁勤迹女士的《龙井问茶》、《九曲红梅》就是以茶品为主题编创的茶艺表演，将茶表现得淋漓尽致，使多少茶客陶醉其中，流连忘返。

另外，可以借茶表现不同的自然景观和不同季节，春季绿色的生机、夏季凉爽的月夜、秋季收获的喜悦、冬季梅花的绽放，让人们在品尝缕缕茶香的同时，感受由茶带来的高雅情致。

二、以茶事活动为主题

作为传播茶文化的主要途径，茶事活动对茶产业的发展、促进茶业品牌的提升，可谓是功不可没。纵观近几年国内外大大小小的茶事活动，每年数以千计，缤纷的茶艺表演是茶事活动的一大亮点，对茶业品牌的宣传起到了积极的推动作用。因此，茶艺表演可以根据茶事活动确立主题。

擂茶茶艺表演

三、以地方文化为主题

我国地域辽阔，民族众多，其饮茶方式千姿百态。自古就有以茶待客、以茶会友、以茶联谊等形式。因此，茶艺表演也可依托地方文化，挖掘与地方文化相关性的内容，以其作为茶艺表演的主题，让观众在欣赏茶艺表演多样性的同时，也深刻地感受我国不同地域的文化内涵。例如《农家茶》、《文士茶》、《新娘茶》、《擂茶》、《白族三道茶》等就是以地方文化为主题的茶艺表演。

第二节　茶艺表演的准备

茶艺表演的主题明确后，根据主题要求，做好相应的准备，包括程序的设计、茶席的准备、服饰的准备以及音乐的准备等。

一、编排

1. 程式　茶艺表演主题确立好后，进行表演程序的设计。茶艺程序虽然繁复，但不外乎备器、备水、备茶、赏茶、洁具、置茶、冲泡、奉茶、品尝等基本程序。这些程序的完成一般都在15min以内，这就要求茶艺表演过程应一气呵成，同时还要结合茶品的特性，发挥出茶的滋味。因此，就要考虑到程序的节奏，有起有伏，有张有弛，有快有慢，还有停顿等。

一套好的程式在形式和内涵上都有创新，这样才表现出茶艺表演的可观赏性，体现茶艺表演的神韵之美。

2. 人员 茶艺表演一般有主泡和助泡之分，主泡负责泡茶，助泡负责端茶、奉茶及协助主泡完成泡茶。根据要求确定人数，可1~3人或多人担任主泡和助泡，进行茶艺表演。

二、备席

茶席是以茶器具为载体，并与其他相关艺术结合在一起，从而具有一定的茶事功能，表达一定的主题的物态形式。主要由茶具组合、铺垫、插花及相关工艺品组成。对于茶艺表演来说，茶席的准备十分重要。

1. 茶具组合 茶具组合是茶席设计的基础，也是茶席的主体。其基本特征是实用性和艺术性相融合，实用性决定艺术性，艺术性又服务实用性。因此，茶具组合在质地、造型、体积、色彩、内涵等方面，应作为茶席设计的重要部分加以考虑，并使其在整个茶席的布局中处于最显著的位置。

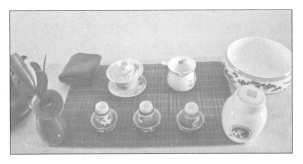

茶盅双杯茶具组合

2. 铺垫 铺垫是指茶席整体或局部物件摆放下的铺垫物，也是铺垫茶席之下布艺类和其他质地物的统称。铺垫是使茶席中的器物不直接接触桌（地）面，同时又能增强茶席的视觉效果。因此，铺垫虽是器外物，却对茶席器物的烘托和茶艺表演主题的体现起着不可低估的作用。

铺垫的质地、款式、大小、色彩、花纹，应根据茶艺表演的主题，运用对称、不对称、烘托、反差、渲染等手段的不同要求加以选择。或铺桌上，或摊地下，或搭一角，或垂另隅，既可作流水蜿蜒之意象，又可如绿草茵茵之联想等。

（1）铺垫的质地。铺垫的质地可选择范围有：棉布、麻布、化纤、蜡染、印花、毛织、绸缎、手工编织、竹编、草编等。如果泡茶台的质地、色彩、形状具有特色，如红木桌，古朴而又有光感；仿古茶几，喻示某个朝代；原木台，自然而现木纹。这些从某种角

铺垫（一）

铺垫（二）

度说，不铺，也能反映文化内涵，也能体现出艺术美感，则不铺往往是最铺。

（2）铺垫的形状。铺垫的形状一般有正方形、长方形、三角形、圆形、椭圆形、几何形和不确定形等多种形式。

（3）铺垫的色彩。色彩也是表达情感的重要手段之一，它在茶席的铺垫中，也能不知不觉地影响着人们的精神、情绪和行为。因此铺垫的色彩应把握的基本原则是：单色为上，碎花为次，繁花为下。

不　铺

（4）铺垫的方法。铺垫的质地、形状、色彩选定之后，铺垫的方法便是获得理想铺垫效果的关键所在。铺垫的方法一般有平铺、对角铺、三角铺、叠铺、立体铺、帘下铺等形式。

3. 插花　插花是指人们以自然界的鲜花、叶草为材料，通过艺术加工，在不同的线条和造型变化中，融入一定的思想和情感而完成的花卉的再造形象。茶席中的插花是为体现茶的精神，追求崇尚自然、朴实秀雅的风格，因此不同于一般的民间插花。其基本特征是简洁、淡雅、小巧、精致。鲜花不求繁多，只插一两枝便能起到画龙点睛的效果；注重线条、构图的美和变化，以求达到朴素大方、清雅绝俗的艺术效果。插花是为茶艺服务的，切忌喧宾夺主。在花材的选择上，通常为鲜花，有时因某些特别需要也可利用干花，但一般不用人造花等。常见的形式有瓶式插花、盆式插花、盆景式插花等。

（1）瓶式插花。瓶式插花又称瓶花，是比较古老而普通的一种插花方式，剪取适时的花枝配上红果绿叶，插于花瓶中。

插　花

（2）盆式插花。盆式插花又称盆花，即利用水盆进行插花，或利用其他类似于水盆的浅口器皿进行插花。与瓶花相比，盆花的难度较大，需先造型，然后再根据造型，安插花枝和配叶。

（3）盆景式插花。盆景式插花是利用水盆创作的一种艺术插花形式，它利用盆景艺术的布局方法，使插花作品形似植物盆景。制作时可在水盆中放置些山石等作为背景和点缀。

4. 焚香　焚香是指人们将动物和植物中获取的天然香料进行加工，使其成为各种不同的香型，并在不同的场合焚熏，以获得嗅觉上的美好享受。茶艺表演中通过焚香可以使环境幽雅，气氛更肃穆，同时，它美好的气味弥漫于空气中，使人获得非常舒适的感受，有时还能唤起人们意识中的某种记忆，从而使品茶的内涵更加丰富多彩。

茶艺表演选择香料时，应根据不同的风格来选择，如宗教茶艺，可选用香味相对浓烈一些的香料；一般的茶艺，则选择相对淡雅一些的香料。同时，要遵循"不夺香"的规则，即香料的香味不能与茶香起冲突。

5. 相关工艺品 茶艺表演时，相关工艺品摆放得当，常常会获得意想不到的效果。同时，相关工艺品与茶器具的巧妙配合，往往会引发一个个不同的心情故事，使不同的人产生相同的共鸣。相关工艺品可选择的种类有：

(1) 自然物类。如石、植物、花草、干枝叶等。

(2) 生活用品类。如生活日用品、文具、玩具、体育用品等。

香 炉

(3) 艺术品类。如乐器、民间艺术、演艺用品等。

(4) 宗教用品类。如佛教、道教用品和法器等。

(5) 传统劳动用具类。如农业用具、木工用具、纺织用具等。

(6) 历史文物类。如古代兵器、文物古董等。

三、备服饰

备服饰主要包括服装、发型、头饰和化妆等方面的准备。

1. 服饰可以根据茶艺表演的主题来选择 一般情况下，主要以中国传统服饰为主，有旗袍或对襟衫和长裙。如果是宗教茶艺表演，像《禅茶》、《道茶》就要选择特定的僧、道服饰。如果反映历史主题，像《仿唐宫廷茶艺》等，应选择具有唐朝典型特点的服饰。这样服饰和主题就能相互辉映，增强茶艺表演的艺术感染力。

2. 服饰可以根据茶艺表演的风格来选择 如表现茶乡的乡村风格的，可以选择中式对襟上衣，配上布裤和布鞋；发型上可编辫子或配上红头绳，突出可爱的村姑和山里妹子的味道。如表现都市风格的，像调饮茶艺表演类，改良旗袍或薄纱质的长裙都是合适的选择。

另外，表演时注意裙子不宜太短、太暴露。着装的原则是：得体、端庄、大方，符合审美要求。手上不宜佩戴手表、首饰，更不能涂指甲油。妆容以淡妆为好，不宜过于浓艳，以免俗气。

农家服饰

四、备境

1. 背景 茶艺表演的背景是指设在茶席之后的艺术物态形式。是衬托主题思想的重要手段，它渲染茶性清纯、幽雅、质朴的气质，能起到增强艺术效果的作用。因此要根据表演主题来进行布置，不宜过于复杂，力求简单、雅致，以衬托演员的表演为主，让观赏者的注意力集中在表演者身上，不能喧宾夺主。一般以屏风、博古架、书画、织品、装饰墙等为主，其中以屏风、挂画最为常见，也可在屏风上挂些与主题相关的字画，既简单又方便。如《禅茶》表演，在背景的屏风上挂有"煎茶留静香，禅心夜更闲"的书联，既点明了主题，突出了禅意，又淡化了宗教色彩，十分巧妙。因此，不同的茶艺表演有不同的背景要求，只有选对了背景才能更好地领会茶的滋味。

屏风背景（黄山谢裕大茶叶股份有限公司茶行）　　　　　　《禅茶》背景

另外，在背景的布置上也可以有所创新。在茶文化、茶产业活动颇为活跃的今天，茶艺表演五彩缤纷，以茶品为主题进行推介，时常可见。在2010年世博"茶艺秀"的舞台上，就以简洁、委婉动态效果为背景，意境十分美妙，增强了视觉效果，为推介茶品起到了很好的作用。

2. 音乐　备乐就是为茶艺表演准备背景音乐。音乐就是一种声音的艺术，它能给人带来情绪和情感的变化，与人的内心产生共鸣，使人进入一种神妙的意境之中。作为茶艺表演，传递的是一种文化。因此，借助音乐的辅助作用，营造浓郁的艺术气氛，可以让观众领悟茶艺表演的内涵，引领大家进入美好的境界。同时，背景音乐的运用，能让表演者迅速进入角色，还能帮助表演者把握动作节奏。因此，纵观目前各类茶艺表演，都有相关音乐的配合。由此可见，背景音乐对于茶艺表演来说是必不可少的。

茶艺表演的背景音乐，一般有播放和现场演奏两种形式，无论是播放还是演奏，音乐的音量都不宜大，如采用现场演奏的，可选用的乐器有古筝、扬琴、提琴、琵琶等。另外还应注意演奏者的位置，不宜喧宾夺主。

（1）背景音乐的选择。背景音乐对茶艺氛围的营造有着重要的作用。因此，在选择上应注意与表演主题相吻合。比如说，民俗茶艺表演要选用当地的民间曲调，如江西的《擂茶》选用当地的名歌"斑鸠调"和"江西是个好地方"等

古筝演奏（安徽省黄山茶业学校茶艺表演队）

江西名曲；宗教茶艺《道茶》选择道教音乐《迎仙客》、《三奠茶》等；宫廷茶艺《仿唐宫廷茶》选用唐代音乐等。

（2）背景音乐的创新。自茶文化复兴以来，各类茶艺表演所选用的音乐大多是清一色的古曲，演奏的乐器也大多是古筝、古琴，尤以古筝为多，也可根据表演主题对音乐进行创新。在世博会的"茶艺秀"舞台上，《祁门红茶茶艺》选用的背景音乐是安徽黄梅戏。从现场效果看，非常具有感染力，将传统戏曲音乐融入茶艺表演中，委婉悠扬，使观众感受祁红香韵的同时，也领略了茶艺的无穷魅力。

由此可见，茶艺表演背景音乐的选择、运用，只要音乐的旋律、节奏、所用的乐器等有利于茶艺表演主题的表达，都可自由而大胆地创新运用。这样，也会更丰富、更形象、更生动、更深刻地演绎中国茶文化博大精深的内涵。

（3）背景音乐曲目推荐。古筝曲：如《高山流水》、《汉宫秋月》、《渔舟唱晚》、《平湖秋月》、《花好月圆》、《双凤朝阳》、《一枝梅》、《秦桑曲》、《月儿高》、《蝶恋花》、《昭君怨》、《春江花月夜》、《孔雀东南飞》等。

古琴曲：如《潇湘水云》、《平沙落雁》、《广陵散》、《长门怨》等。

唢呐曲：如《山东琴书》、《木兰从军》、《百鸟朝凤》、《抬花轿》、《入洞房》、《喜迎春》、《凤阳鼓》、《全家福》、《黄土情》、《怀乡曲》等。

丝竹合鸣曲：如《茉莉花》、《采茶谣》、《二泉映月》、《春江花月夜》、《彩云追月》、《孔雀东南飞》、《奉茶》、《花好月圆》等。

少数民族乐曲：如《花儿曲》、《唱遍山月》、《春芽》、《阿细跳月》、《苗岭春色》、《骞马》、《草原情歌》、《竹林深处》等。

佛教音乐：如《心经曲》、《念佛心音》、《戒定真香》、《梵音大悲咒》、《菩萨心》等。

道教音乐：如《三奠茶》、《玉芙蓉》、《风入松》、《迎仙客》、《步虚》等。

外国音乐：如《樱花曲》、《白色圣诞》、《永浴爱河》、《奇迹》、《春风》、《故乡》、《回家》等。

第三节　茶艺表演之美

茶艺表演是一门高雅的艺术，它不同于一般的演艺表演。因此，体现茶艺表演的美应着重从内涵美、解说美、神韵美上下工夫。

一、内涵美

内涵美体现在茶艺表演的编排上，编排就是设计一套茶艺表演的程式，体现出茶艺表演的内涵，显示出茶艺的动作美、韵律美。俗话说"外行看热闹，内行看门道"，因此，一套茶艺表演程序编排得美不美，应从下面几方面把握。

1. 顺茶性　顺茶性就是按照操作程序，把茶叶的内质发挥得淋漓尽致，泡出一壶可口的好茶来。茶艺的程序一般为备器、备茶、备水、赏茶、洁具、置茶、冲泡、奉茶、品尝等。由于茶的品质特性不同，冲泡所选用的器具、水温、投茶方式、浸泡时间等也不一样。因此，在茶艺表演编排时，应根据茶叶的品质特性，科学、合理地编排。如不顺茶性，不能把茶的色、香、味最充分地展示出来，那么即使表演得再花哨也称不上是好的茶艺表演。

内涵美

2. 合茶道　茶艺和茶道是茶文化的核心，茶艺表演既要以道驭艺又要以艺示道。以道驭艺，就是茶艺的程序编排必须遵循茶道的基本精神，以茶道的基本理论为指导；以艺示道，就是通过茶艺表演来表达和弘扬茶道的精神。因此，茶艺表演编排是否合茶道，也就是说要看这套茶艺是否符合茶道所倡导的"精、行、俭、德"的人文精神，与"和、静、怡、真"的基本理念。

3. 科学卫生　目前，流传较广的茶艺是在传统的民俗茶艺的基础上整理出来的。有些程序按照现代的眼光去看是不科学、不卫生的。例如：有些茶艺的洗杯程序是把整个杯子放在一小碗水里洗，或是杯套杯滚洗，这样会使杯外的脏东西粘到杯内，越洗越脏，显得很不卫生。因此，对于传统茶艺中不够科学、不够卫生的程序，在整理编排时应当摒弃。

4. 文化品位　这主要是指解说词的创作方面。茶艺解说词是对茶艺表演内容的叙述，引导观众如何欣赏茶艺表演，帮助观众理解表演的主题和相关内容。因此，内容要生动、准确，有知识性和趣味性，能够艺术性地介绍所泡茶叶的特点和历史，使其更好地达到视听效果。

二、解说美

茶艺表演时只通过冲泡技艺来表现主题，观众不易理解。同时，茶艺表演又是新兴的艺术，许多观众对此还不熟悉，所以需要对表演内容进行解说，这样可以引导观众如何欣赏茶艺表演，帮助观众理解表演的主题和相关内容，使其更好地达到艺术效果。

茶艺解说词是从生活中提炼出来的语言，就注重词语的选择、配置、组合与加工。解说词的内容主要是对茶艺表演的主题、茶叶品质特点、冲泡要领以及茶汤的品饮方法等进行介绍，这样有助于观赏者了解茶艺，明白表演的内容。还要注意的是，如果观赏者是专业人士，解说词要简明扼要，并挑重点讲解，否则只会是画蛇添足，显得多此一举；如果是广大的平民百姓，解说词更要通俗易懂，专业术语不能太多，不然会使观赏者如坠云雾，看不出个所以然。

解说美

如《擂茶》茶艺表演的解说词是这样介绍的："擂

茶是流行于江西赣南地区客家人的饮茶习俗,客家人为躲避战乱,举族迁到南方的山区,他们保留了一种古老的饮茶习俗,就是将花生、芝麻、陈皮等原料放在特制的擂钵中擂烂,然后冲入开水调制成一种既芳香可口,又具有疗效的饮料,民间称为擂茶。"这段解说词简明扼要地概括了擂茶的流行地点、制作的方法和功效,让人对擂茶有了一定的了解又增添了兴趣。又如江西婺源《文士茶》的解说词是这样介绍的:"文士茶是流行于江西地区民间传统品茶艺术之一。婺源自古文风昌盛,名人辈出,文人学士讲究品茶雅趣,因此,文士茶以儒雅风流为特征。讲究三雅:饮茶人士之儒雅、饮茶环境之清雅、饮茶器具之高雅;追求三清:汤色清、气韵清、心境清。以达到物我合一、天人合一的境界。"如此美妙的解说词将人们带入了"天人合一"的品茗境界里,话虽不多,但却具有很强的艺术感染力。

茶艺表演在解说时,要注意语音、语调、语气,要注意气运丹田、语调柔美、娓娓道来。作为解说人员要把握好以下几点:

1. 使用标准普通话 普通话是国家提倡的一种全民语言。作为面对公众的茶艺表演解说,就采用普通话让大家都能听懂。如普通话不太准确,就会在很大程度上减弱茶艺表演的艺术感染力。

2. 脱稿 即脱开文稿进行解说。在解说时最好不要拿着文稿进行解说,不然会给人留下对表演不熟悉的印象。另外,在解说当中,还应与观赏者交流,拿着稿子就无法进行了,也给人一种不礼貌的感觉。

3. 语言美 解说应带有感情色彩,语气抑扬顿挫,同时与茶艺表演的节奏、韵律相对应,增强茶艺表演的艺术感染力。

三、神韵美

茶艺表演不同一般的演艺表演,而是强调生活的实用性,在此基础上表现流畅的自然美。浙江大学童启庆教授在谈茶艺表演时说,要"轻盈"、"连绵"、"圆融"。也就是说,茶艺表演应做到熟练轻盈,流畅自然,连绵不断,整个过程气定神闲,这样茶韵才得以呈现。

"韵"是美的最高境界,神韵同样也是茶艺表演的最高境界。因此,在茶艺表演中要达到这个境界要经过3个阶段才行:

第一阶段,要求动作规范、准确到位。

神韵美

第二阶段,要求达到熟练。只有熟练之后,才能生巧,才能流畅,犹如行云流水一般。

第三阶段,要求传神达韵。在传神达韵的练习中,要特别注意"静"和"圆"。

1. 静 茶通六艺,六艺指琴、棋、书、画、诗和酒,琴茶一理。在茶艺表演中要做到气韵生动，必须身心俱静，只有身心俱静，才能凝神专注于艺茶，才能深入、细微地体察自己的内心感受，才能达到体态庄重，动作舒展自如，轻重缓急，自然有序，使平凡的泡茶过程出意境，见韵味。

2. 圆　"圆"就是整套动作要一气呵成，成为一个生命的机体，让人看了觉得有一股元气在其中流转，感受其生命力的充实与弥漫。

茶艺表演美的体现，最关键的还是人，是由人来实现的。因此，对于茶艺表演者来说，要具有高尚的人心，健全的人格，要成为爱茶、懂茶、会欣赏茶、会享受茶的人。只有这样，才能达到表情得当，表演得宜，如行云流水，挥洒自如，韵味无穷。

第四节　茶艺表演赏析

一、茶艺表演赏析

茶怡情雅志，茶艺表演赏心悦目。随着社会的发展、经济的进步，人们生活品位的提高，加之中国传统文化的继承和宣扬，因此茶艺无疑成了人们精神文化的最佳载体。特别是近几年对茶艺师职业资格的鉴定，也促成了人们对茶艺表演的关注。各类主题茶会、茶文化节、茶博会、茶艺馆等，都推出了各式各样的茶艺表演，茶艺表演可谓是推陈出新、五彩纷呈。本书选择部分茶艺表演以供欣赏。

1. 太平猴魁茶艺表演

各位来宾：你们好！欢迎大家来观赏产于黄山、享誉中外的太平猴魁名茶茶艺。本道茶艺共有9道程序，请大家轻松欣赏和细细品尝。

（1）清心入茶境（入境）。茶，至清至洁，是天涵地育之灵物。太平猴魁是我国绿茶之极品，得天地之灵气，具有独特的"猴韵"。请大家摒除杂念，进入品茶的境界。

（2）猴魁展新姿（赏茶）。太平猴魁产于安徽省黄山太平湖畔，其芽叶肥硕，重实匀整。干茶两叶抱芽，扁平挺直，白毫隐伏，叶色苍绿匀润，叶脉绿中透红，俗称"红丝线"。俗有猴魁两头尖，不散不翘不卷边之称。

入　境　　　　　　　　　　　　　赏　茶

（3）冰心去凡尘（洗杯）。用开水烫洗一遍原本洁净的玻璃杯，使杯子冰清玉洁，一尘不染。同时也表达了对客人的尊敬。

洗 杯

冲 泡

（4）红袖拾落英（置茶）。"落英缤纷"本是《桃花源记》中对落花的描写，这里指干茶。由于太平猴魁的特殊外形，需将干茶一片一片夹入杯中。

（5）兰芷逢仙露（润茶）。猴魁常伴有兰花香，这里兰芷代指猴魁。向杯中注水少许，浸润茶叶。

（6）高山流水情（冲泡）。接着用高冲手法沿杯内壁冲水入杯至七成左右。

（7）玉液奉知音（奉茶）。将泡好的香茗敬奉给嘉宾。

（8）兰香出幽谷（闻香）。将茶汤摆置鼻端，你会觉得一股若有若无的兰花香轻轻升起。

闻 香

品 尝

（9）天韵悠然得（品尝）。悠然是一种心境，一种超脱尘世的境界。品饮太平猴魁，徐徐体味，猴韵悠然而生，这就是太平猴魁神妙之韵。

最后借太平猴魁圣妙香敬祝嘉宾平安、幸福！表演至此结束，感谢大家的观赏！

2. 茉莉花茶茶艺表演

各位嘉宾：你们好！欢迎大家来此品茗赏艺，现在为大家表演的是深受北方人喜爱的茉莉花茶茶艺。花茶是诗一般的茶，融茶之韵与花之香于一体，通过"引花香，增茶味"，使花香茶味珠联璧合，相得益彰。本道茶艺表演共有11道程序，请大家仔细欣赏。

（1）香花绿叶相扶持（赏茶）。开启茶样罐，用茶匙拨出适量茶叶于赏茶盘中，端给嘉宾欣赏。

（2）春江水暖鸭先知（洗杯）。用开水烫洗一遍盖碗杯，在洁净杯子的同时提高杯温。

（3）落英缤纷玉杯里（投茶）。用茶匙将茶叶拨入杯中，每杯用茶2~3g。

（4）暗香浮动月黄昏（摇香）。先用回转冲水法注入开水少许，浸润茶叶，轻轻晃动杯身，促使茶叶散发缕缕茶香。

（5）春潮带雨晚来急（冲泡）。接着再用"凤凰三点头手法"冲水到碗的下线2cm左右。杯中花茶随水浪上下翻滚，恰似春潮带雨晚来急。

（6）三才化育甘露美（闷茶）。茶是天盖之、地载之、人育之的灵物，只有天、地、人三才合一才能共同孕育出茶的精华。静置3min左右，让茶充分吸水舒展。

赏　茶

洗　杯

投　茶

摇　香

冲　泡

（7）一盏香茗奉知己（奉茶）。将泡好的香茶敬奉给嘉宾。

（8）杯里清香浮情趣（闻香）。揭开杯盖，嗅闻凝附于盖里的茶香。茉莉花茶香气芬芳浓郁，沁人心脾。

（9）舌端甘苦人心底（品茶）。花茶鲜醇爽品，滋味醇厚回甘。

闻　香

品　茶

（10）茶味人生细品悟（回味）。茶中有人生百味，无论茶是苦涩、甘鲜、还是平和，从一杯茶中人们都会有很多的联想和感悟。所以品茶重在回味。

（11）饮罢两腋清风起（谢茶）。请各位慢慢品饮，细细回味。

茉莉花茶茶艺表演到此结束。谢谢大家！

二、茶席设计作品赏析

茶席设计是一个近年才出现的词语，就是指以茶为灵魂，以茶具为主体，在特定的空间形态中，与其他的艺术形式相结合，所共同完成的一个独立主题的茶道艺术的组合整体。茶席设计源于茶艺表演而又高于茶艺表演，主要用于较大型的茶事活动、茶艺师的主题创作和茶艺大奖赛等等。

茶席设计是当代茶文化的一种新的表现形式，其艺术构思与内涵远远超过一般的茶具组合，是茶与文学、艺术的高度结合，是茶文化宝库中的奇葩，具有鲜明的文化性、时代性和实用性。茶席设计之所以越来越受到人们的欢迎，是其独特的茶文化艺术特征符合现代人的审美追求；它的传承性使深爱优秀传统文化的现代人从其丰富的特态语言中更深地感受到陆羽《茶经》中的思想内涵；它的丰富性使现代爱茶人从一般的茶艺冲泡形式中，获得了更多、更丰富的生活体验；它的时代性更使现代人从茶的精神核心"和"的思想中，寻找到构建当代和谐社会的许多有益的启迪。

茶席的美感不在于豪华的茶具，或是昂贵的茶品，而是在于巧思和品味。下面我们一起分享几组茶席设计。

1.《禅茶一味》　"禅茶一味"乃是宋代的圆悟克勤禅师提出的。绿色的壶杯淡雅、幽静；水洗和香炉莲花状，佛教中称荷花是莲花，寓意是出淤泥而不染，是圣洁、清净的象征；竹简上刻着的心经、随意放着的经书等等，无疑将茶与禅的某种意味送到你的

《禅茶一味》茶席

面前，让你慢慢去体会。看似平淡的一杯茶，体会的是一味的禅境。

2. 《新娘茶》 《新娘茶》茶席的设计，是以红色为基调，红色的铺垫、红色的茶具、红色的蜡烛、红红的喜字、红红的喜糖以及茶杯里红艳艳的茶汤，这一切无不透出一种热闹、喜庆。你觉得是不是很熟悉？其实茶席最重要的就是生活化。

3. 《江南茶语》 茶席以绿色为基调，绿色的绸纱宛如碧绿的湖水；茶盘中丝质绣帕温婉雅致；垂柳像一个温婉的江南女子垂下了她害羞的脸庞；盖碗杯中蕴藏着悠悠的茶香，仿佛让人们沉浸在柔情、秀丽的江南。《江南茶语》倒映出江南的美好风光，给人们呈现了茶的——清雅、脱俗、秀丽。

《新娘茶》茶席

《江南茶语》茶席

《茶香一隅》茶席

4. 《茶香一隅》 随着茶艺普及深入到寻常家庭生活，茶具的设计、摆放也是彰显家居设计品位的点睛之笔。清新淡雅的青花瓷壶杯具，永远是家庭的最爱。典雅质朴的双层茶盘，暗红色茶巾，再加上绿色盆景的点缀，茶香未起心已动。

复习思考题

1. 试述茶艺表演插花的形式。
2. 茶艺表演的服饰如何选择？
3. 如何体现茶艺表演之神韵美？

【操作训练】

内容：解说词编写、解说训练。
要求：解说普通话标准、脱稿、语气柔和，体现语言美。
地点：茶艺实训室。
方法：教师示范讲解、学生解说练习。
作业：编写和整理各类茶品茶艺表演解说词。
考核：选择一茶品茶艺表演解说词脱稿解说。

第七章

茶之融——饮茶习俗

随着历史的发展，茶在人们生活、社会活动过程中的介入和作用是极其广泛的，这是茶圆融通达、亲和力强的体现。从世界范围看，茶与多元文化的交融，在不同国家、民族、地区形成了多姿多彩的茶俗，促进了茶与人、人与人的交流。在现代生活中，已演绎为一种生活方式，或成为一种生活时尚，绽放异彩。

第一节　中国的饮茶风俗

我国是多民族国家，受历史文化、地理环境、民族风情的影响，各民族地区沏茶方法、饮茶方式各不相同，饮茶习俗多姿多彩。古往今来，客来敬茶，春节喝元宝茶，婚礼习俗中喝新娘茶及给亲朋故友寄送新茶等都是我国的传统茶礼习俗；部分少数民族还将茶礼茶俗演绎成隆重的迎宾仪式，如蒙族献奶茶、藏族献酥油茶等，更是别具风采。这些茶礼习俗不单是民俗传承发展的反映，更是深厚人文思想的折射。

一、汉族的清饮

汉族的饮茶方式主要是品茶、喝茶。品，重在赏姿、察色、闻香、辨味，其工在细啜、慢饮、静悟茶韵，正所谓"三口方知真味，三番才能动心"；喝，意在清凉解渴，状若连饮带咽。汉族饮茶大多推崇清饮，认为清饮能保持茶的"纯粹"，体现茶的"本色"。方法是：用水熬煮（古）或用开水直接冲泡（今），茶中无添加辅料；茶品遍及六大基本茶类，各茶区多以本地茶品为主。以下介绍几种有特色的汉族清饮：

1. 啜乌龙　乌龙茶盛产于中国福建、台湾、广东等省，以香气浓郁、味厚醇爽、入口生津留香而著称于世。此茶乃该产茶区百姓家中的寻常物，沏茶用具多古朴典雅，小壶、小杯、工夫泡18道程序一应俱全。茶楼、店铺、居家或三五成群边冲边饮，议政治、谈生意、聊家常、品茶趣，各成一统。或一壶在手细啜慢咽，静悟茶韵，自得其乐。

啜乌龙

2. 品绿茶 多指名优绿茶的品饮。因其主产地在江、浙、皖一带，而这里山川毓秀，人杰地灵，制茶历史悠久，文化底蕴深厚，茶叶精品良多，名茶荟萃，饮茶风俗亦格外清秀灵雅。古往今来，所用茶器具虽雅、俗并存，但大都推崇精美典雅；沏泡时，茶壶也好，瓷杯、玻璃杯也罢，必是杯明几净；品饮时，习惯先观杯中翠芽碧水，再闻茶香，然后徐徐作饮、细细品味，所谓一品得味，二品得趣，三品得道。茶楼、办公室、家中，一杯在手自斟自饮，或宾主细品慢聊随意喝的情形随处可见。

早　茶

3. 吃早茶 多见于我国大中城市，尤其是广州，坐茶楼、吃早茶既是习俗又是时尚。此种方式饮茶，多佐以茶食、糖果、菜肴和点心，属另一种清饮风尚。用早茶时，顾客可根据自己的喜好点选茶品、茶点，在茶楼里一口清茶、一口点心的和家人或朋友共享快乐时光，吃早茶已成当今朝九晚五上班族的不二选择。茶香润早点，早点滋茶味，是其最大特色。

4. 喝大碗茶 这是指清茶一碗、大口喝的饮茶方式。一般只需要一张简单的桌子，几条农家式的凳子和若干只粗瓷碗即可，茶水大多预先泡好，装在大茶壶或大茶桶中。这种饮茶方式在百姓生活中极为普遍，过去城镇街头巷尾的茶摊，农村田间地头树荫下的茶桌，以及大众聚会活动场所用的供茶桶等，它是一种大众化、方便的饮茶方式。其功能主要是解渴，感受的是简约和痛饮时的舒畅。

喝大碗茶

二、藏族的酥油茶

藏胞饮酥油茶之习俗，始于盛唐时期。唐代文成公主远嫁西藏时，带去的大批物品中就有茶叶，因公主常以酥油茶待客，这样，藏族饮酥油茶逐渐成为风俗，并以敬客人喝酥油茶为郑重的礼节，延续至今。

用酥油茶待客，有一套规矩。当客人被让座到藏式方桌边时，主人便拿过一只木碗（或茶杯）放到客人面前。接着主人（或主妇）提起酥油茶壶（现在常用热水瓶代替），摇晃几下，给客人倒满酥油茶。刚倒下的酥油茶，客人不可以马上喝，而是应先和主人聊天，等主人再次提过酥油茶壶站到客人跟前时，客人才可以端起碗来。喝时，应先在酥油碗里轻轻地吹一圈，将浮在茶上的油花吹开，然后呷一口，并赞美道："这酥油茶打得真好，油、茶都分不开了。"随即，客人把碗再放回桌上，主人再添满。这样，边喝边添，不可一口喝完；假如你不想再喝，就不要动它；主人把碗添满，你就摆着；等准备告辞时，可以连着多喝几口，但不能喝干，碗里要留点漂油花的茶底。这样才符合藏族的习惯和礼节。

制作酥油茶的茶叶一般选用紧压的普洱茶、金尖等。酥油茶的加工方法比较讲究，一般先用一口锅烧水，待水煮沸后，再用刀把紧压茶捣碎，放入沸水中煮，约半小时左右，待茶汁浸出后，滤去茶叶，把茶汁倒进长圆柱形的打茶桶中；与此同时，用另一口锅煮牛奶，一直煮到表面凝结一层酥油时，把它也倒入盛有茶汤的打茶桶，再放入适量的盐和糖。然后，盖住打茶筒，用手把住直立茶桶中能上下移动的长棒，不断舂打；直到筒内声音由"咣当"变成"嚓伊、嚓伊"之声时，说明茶、酥油、盐、糖已混为一体，这样酥油茶就算打好了。

三、蒙古族的咸奶茶

蒙古族人民世居草原，以畜牧为生，咸奶茶、马奶酒、手扒肉、烤羊肉是其日常生活最喜欢的饮料食品和待客佳肴。每日清晨，主妇首先要做的就是煮一锅咸奶茶，供全家人全天享用。他们的早餐是一边喝热茶，一边吃炒米，或将炒米泡在奶茶中吃。剩余的茶一般放在微火上暖着，供随时取用。正式用餐要到晚上放牧回家后。"一日一顿饭三餐茶"，是蒙古族的饮食习惯。

蒙古族饮茶有礼规。新熬的茶在未喝之前，不管什么时候，都要首先向天地、山水、火神等分别作为"德吉"（蒙古族吃饭、喝酒、饮茶的第一口称之为"德吉"，汉意为"圣洁"）敬献，之后才能倒茶。斟茶时，用的茶碗不能有裂纹，需完整无缺，有了豁子则认为不吉利；倒茶时，壶嘴或勺头要向北向里，不能向南（朝门）向外，因为他们相信福从里来、福朝外流。还有，茶不可倒得太满，也不能只倒一半；献茶时，手指不能蘸进茶里；给老人或贵客添茶的时候，要把茶碗接过来再添，不能让客人把碗拿在手里；对主人

奶茶（多然提供）

煮奶茶（多然提供）

砖茶（多然提供）

敬上的奶茶，客人是要喝的，不喝有失礼貌。

咸奶茶的制作方法是烹煮，所用器具是铁锅，材料有青砖茶或黑砖茶、奶和盐。制作分3个步骤：一是先把砖茶打碎，再将洗净的铁锅置于火上，盛水2~3kg，水烧至刚沸腾时，加入打碎的砖茶25g左右；二是等水再次沸腾5min后，掺入奶，用量为水的1/5左右，并稍加搅动；三是加入适量盐巴再煮，等到整锅咸奶茶开始沸腾时，算是煮好。

煮咸奶茶的技术性较强，茶汤滋味的好坏，营养成分的多少，与用茶、加水、掺奶，以及加料次序的先后关系很大。若茶叶放迟了，或加茶和奶的次序颠倒了，茶味就会出不来；而煮茶时间过长，又会丧失茶香味。只有器、茶、奶、盐、温五者互相协调，方能制成咸香适宜、美味可口的咸奶茶。为此，大凡蒙古族姑娘从懂事起，做母亲的就会悉心向女儿传授煮茶技艺。出嫁时，需当着亲朋好友的面，显露一下煮茶的本领，这是茶俗在蒙古族婚礼习俗中的体现。

四、维吾尔族的奶茶与香茶

由于天山山脉横亘新疆中部，致南疆、北疆气候不同，两大区域的生产、生活习惯各异，同一民族的喝茶习俗也大相径庭。北疆以畜牧业为主，牧民喜好喝奶茶；南疆以农业为主，喜好喝加香料的香茶；但不管是奶茶还是香茶，所用的原料都是茯砖茶。

北疆奶茶，一般先将茯砖茶敲成小块放入盛水八分满的壶内，然后加入清水，放火上烹煮，至沸腾4~5min后，加上一碗牛奶或几个奶疙瘩及适量盐巴，再等其沸腾5min左右即成。制好的奶茶是热乎乎、香喷喷、咸滋滋的，非常可口。北疆的牧民喝奶茶，几乎是家家户户，每日必饮，长年不断。

客自远方来，所行茶礼是：入帐后，女主人先在地上铺一块白布作席，摆上烤羊肉、馕、奶油、蜂蜜、苹果等食物；再将奶茶烧开，为客人斟上一碗；而后主客边喝茶、边进食、边叙旧。席间，女主人需在一旁不断续茶劝食，当客人不想再喝时，只需在续茶时右手五指分开，轻轻盖在茶碗上，其意为"谢谢，不用再添了"，女主人意会便不再为客人添茶。

南疆的煮香茶与煮奶茶一样，也是先把茯砖捣碎，放在茶壶里煮沸，所不同的是，茶汤沸腾4~5min后加入的不是鲜奶与盐巴，而是用胡椒、桂皮等香料混合碾成的细粉。维吾尔族同胞煮香茶通常用的是铜质长颈茶壶或搪瓷茶壶，并在壶嘴上套一个网状的过滤器，以便倒茶时茶渣、香料不混入茶汤。南疆人喝香茶是日喝3次，与三餐同时进行，既开胃，又补气提神。

五、白族的三道茶

三道茶，白语叫"绍道兆"，是云南大理白族招待嘉宾的一种独特的饮茶方式，相传原为古代南诏王招待贵宾的一种饮茶礼，后来流传到民间，保留、发展延续至今。白族人家，不论是逢年过节、生辰寿诞、男婚女嫁，还是亲朋好友登门造访，主人都会以"一苦二甜三回味"的三道茶款待宾客。且茶礼之前，要先行祭拜礼，然后再司茶。

第一道茶，称"清苦之茶"，寓意是"创业，必先吃苦"。制作时，先将水烧开，再由司茶者将一只小砂罐置文火上烘烤至热后，取适量茶叶放入罐内，并不停地转动，待罐内茶叶"啪啪"作响，叶色转黄散发出焦糖香时，立即注入烧沸的开水。片刻后将罐内茶水注入茶盅，由主人双手举盅献给客人，通常仅限半杯，客人应一饮而尽。该法制得的茶汤色如琥珀，焦香扑鼻，滋味苦涩，故谓"苦茶"。

第二道茶，称"甜茶"，寓意"苦尽甘来"。当客人喝完第一道茶后，主人重新用小砂罐置茶、烤茶、煮茶，与此同时，需在茶盅中放入少许红糖，煮好的茶汤注入盅内八分满为好，同样是双手递上。此次沏的茶，喝来苦中有甜，香醇可口。

第三道茶，称"回味茶"。其煮茶方法与前相同，但茶盅中放的原料完全不同。原料为适量蜂蜜、少许炒米花、若干粒花椒和一撮核桃仁，注入的茶汤通常为六七分满。饮时，要一边晃动茶盅混匀汤、料，一边口中"呼呼"作响地吹汤，趁热饮下。这道茶，喝起来甜、酸、苦、辣，各味俱全，回味无穷。意在告诫人们，凡事要多"回味"，牢记"先苦后甜"的哲理。

白族三道茶，主客双方边喝茶边叙谊，是对生活的品味，更是对幸福美满、吉祥如意的寄望。

六、客家的擂茶

煮擂茶是客家人的饮食习惯，用擂茶款待客人是客家人盛情的标志。客家人无论是婚嫁喜庆，还是亲朋好友来访，都请喝擂茶。客家人制擂茶，以妇女见长。其擂茶有一套称为"擂茶三宝"的工具。分别是：一个口径约为0.5m、内壁有辐射状纹理的陶制"擂钵"；一根以油茶树木或山楂木制成约0.7m长的"擂棍"；再加一个竹片编制的捞滤渣的"捞瓢"。

擂茶茶具

传统擂茶制法：需先用热水将茶具冲洗干净，然后把茶叶、芝麻、花生仁、生姜、甘草等放入钵内，手持擂棍，沿着擂钵内壁作有节奏的旋转擂磨，间或擂击，将茶叶等研成碎泥。擂磨时需酌量加些凉开水，等擂成糊状后，用捞瓢去捞滤渣，钵内留下的糊状食物称"茶泥"，或称"擂茶脚子"。将脚子放在茶碗里，冲入沸水调匀，或直接用沸水注入钵中冲调，即成一碗或一钵香、甘、爽口的擂茶。现代擂茶制法多采用搅拌机打碎原料，虽然便捷，但口感不及传统制法好。

品尝擂茶时，可佐以米仔、米粿、糕饼一起食用，别具风味。也可用于正餐，炒一些莴苣、青花菜等绿色蔬菜作配菜，与米仔或米饭共食。擂茶既能充

擂茶配料

饥解渴，也可作保健饮品。

第二节　部分国家的饮茶习俗

茶，作为世界三大健康饮品之一，足迹遍布整个世界，如今饮茶已成为世界性的风尚。各地风格迥异的饮茶习俗不仅是不同国家、民族、地区饮茶历史的沉淀，更是不同价值理念和不同文化取向的真实反映。

一、英国饮茶习俗

英国是世界人均茶叶消费第二大国，平均每人每年消费约 2.1kg 茶叶。社会各阶层人士都喜爱饮茶，茶品主要是红茶，其饮茶方式简单、快捷，以喝速溶茶为主。泡茶的茶具喜用陶器或瓷器，不喜欢用银壶或不锈钢壶。饮茶浓淡各有所好，多喜在茶汤中加牛奶和糖。由于英国一年中大半属寒冷季节，所以习惯在置茶前烫壶，沏茶用水现煮，沸腾后即冲入壶中，认为这样泡出的茶才香。

典型的半正式的英国茶仪式：一烫壶，将煮沸的水倒入茶壶，摇晃几下再倒出来；二置茶，现在通常是用袋装茶粉，置于茶壶内；三注水，将煮沸的水注入壶中静置几分钟，有利茶汁渗出且茶汤清馨；四饮用，在茶杯里加入牛奶和糖冲调即可，一般是5%的牛奶，一勺糖。需注意的是，与人共饮时，牛奶、糖是加在各人茶杯里饮用的，茶壶里的茶汤保持清纯。

> **英式下午茶　源自英伦的浪漫**
>
> 正统英式下午茶源自贵族交谊活动，往往选择家中最好的房间举办，使用高级骨瓷上等茶品及享用各式精致点心，再以悠扬古典乐陪衬，充满艺术浪漫的气息。尽管下午茶并非正餐，但由于英国贵族已习惯于优雅品位的呈现，正统英式下午茶的内容是一壶茶加上一份用三层点心盘摆置的精致小点，即"三层点心塔"。

英国人一天饮茶多达六七次，饮茶可说是"家常便饭"。一般早晨醒来即饮一杯；早餐时再饮一杯；清早给客人送一杯早茶唤醒客人的老习俗至今依旧存在，非工作日或周末喝早茶，是英国人享受生活的重要内容；到上午11时左右又要饮一杯茶，以满足生理饮水需求及调适工作节奏；午餐后饮茶以除乏解困；下午4时左右的饮茶，即通常所说的"下午茶"或"午后茶"，作为一种重要的社交方式往往备受重视，喝茶之处常伴有音乐，宾客可惬意地品茶、吃点心、交谈，此番美妙温馨的感觉既传统又时尚；晚餐后临睡前很多英国人多半仍有喝一杯茶的习惯。

"英式下午茶"是英国"红茶文化"的核心内容，其内涵丰富，形式优雅，且有自己独特的品饮方式。其饮茶场所摆设优雅、乐曲舒缓、茶点精致、茶具精美、茶礼规范，鲜花盆景、华美服饰加之蕾丝花边纯白桌布等使冲泡、品茗极富浪漫气息。这种"午后茶"曾是英国社会聚会、议事的最佳选择，大凡咖啡馆、餐厅、茶室、旅馆、剧院和俱乐部等公共场所都供应午后茶；甚至车站、码头、轮船、火车和飞机上都有供茶设备，饮茶时，常配以面包、黄油、火腿、鱼、香肠、蔬菜等佐茶。如今的"午后茶"形式已日趋简化，简单、快捷的袋泡茶更为流行，但在家庭、学校和办公场所每天下午4时左右喝茶的习惯依然照旧，尤其是对空闲的家庭主妇而言，邀几位朋友相聚喝茶是她们休闲娱乐的最爱，她们通常是坐着舒适的椅子围坐一圈，手捧茶碟、茶杯，佐以精致的点心，边吃边饮边聊。这种休闲的饮茶方式在英国较富裕的南方很普遍，而在英格兰北部以及苏格兰和大部分威尔士这些传统的重工业、矿山、船厂以及农庄地区就不怎么流行。在北方，喝茶与晚餐一同进行，届时，全家聚在一起，一壶热茶、一道热菜，再佐以面包、糕饼或者水果点心共享晚餐，其乐融融。

英式下午茶

总之，品饮香浓的红茶对英国人而言，已经成为日常生活的一部分，并由此带给他们温馨完美的享受。

二、美国饮茶习俗

在美国，无论是茶的沸水冲泡汁，还是速溶茶的冷水溶解液，或者罐装茶水，饮用时，大多数人习惯于在茶汤中加冰块，或者饮用前预先放进冰柜冷却成冰茶再饮用。这是美国人饮茶的一大特色。

这种习惯上被称为冰茶的饮料，实际上是一种调味茶。目前所用茶品多为红茶、也有绿茶、乌龙茶，其风味以柠檬为主。市面上出售的主要是工业化生产制作的简易软包装或罐装茶饮料，既卫生又方便。部分消费者喜欢依个人口味用散茶、袋泡茶或速溶茶作原料自行调制。其制法是：将茶水泡好冷却（取出或滤去茶渣），饮用时，将茶汁倒进放置了冰块（或冰屑、刨冰）的杯中，并加入少许糖或蜂蜜、柠檬片或鲜果汁等调味品即成；或用温水把速溶茶调成浓茶汁贮放在冰箱内，因速溶茶本身是用茶汁、柠檬汁、糖加工制成，饮用时，只需加冷开水冲淡即可。这种独具特色的冰茶饮料，既有茶的香醇，又有果的清香，盛夏时节，饮后能令人满口生津，暑气顿消，的确是特色饮品。

由于冰茶比冰淇淋、汽水、可口可乐更具解渴之功效，制作比其他冷饮方便、实惠，同时又比饮用咖啡（被认为有致癌因素）、酒和汽水（含二氧化碳）等更有益于健康，因此，美国妇女多年来极力主张饮用冰茶，支持发展冰茶，热心推广冰茶。至今，冰茶在美国的销量已占到其茶市场份额的85%以上，且一年四季皆受欢迎。尤其是冰茶作为运动饮料，也很受美国人青睐。它取代

美国茶俗

汽水，作运动解渴之用，有益于运动后恢复精力。多数人运动健身后，选择喝一杯冰茶，在享受清凉舒适之感的同时，精神也会为之一振。

此外，有些美国男子喜欢在冰茶中加少量美酒，解渴又提神，且别具风味。更有特色的是美国人还发明了喝鸡尾酒茶，这种茶的制法是：在鸡尾酒中，根据各人的需要，加入一定比例的红茶汁调成风味独特的鸡尾酒茶，只是所用红茶要求是香高、味醇、汤色明艳、滋味鲜爽的高级红茶。用这种红茶汁调制出的鸡尾酒茶口感醇厚、香味浓郁，有提神、醒脑之功效。这种创新喝法在美国风景秀丽的夏威夷非常流行，可以说是几乎人人都喜欢喝鸡尾酒茶。

三、俄罗斯饮茶习俗

俄罗斯人喝茶，多伴以蛋糕、烤饼、甜面包、饼干、糖块、蜂蜜等各种各样的点心，且喜欢喝糖茶。饮茶时，砂糖、方糖、水果糖，或是巧克力等都是必不可少的。喝糖茶有3种方式：一是把糖放在茶水中溶化后喝；二是把糖含在嘴里喝；三是指在没有糖的情形下，喝茶时意想糖的滋味，并从中品出茶的甜香，追求纯粹的精神愉悦。

在俄罗斯的乡村，人们还喜欢喝一种不是加糖而是加蜜的甜茶。即人们把茶水倒进小茶碟，手掌平放，托着茶碟，用茶勺送一口蜜或自制果酱在嘴里含着，再将嘴贴着茶碟边，一口一口地呷茶，并且要嘬出响声，这种喝茶方式俄文称作"用茶碟喝茶"。这是18、19世纪俄罗斯乡村比较推崇的一种独特饮茶方式，很具田园风味。喝茶人的脸常被茶的热气熏得红扑扑的，并洋溢着无比的幸福与满足。

俄罗斯茶俗颇值一提的还有俄罗斯的茶炊。茶炊是每个家庭必不可少的饮茶器皿，不少俄罗斯人家中都有两个，平日里用一个，逢年过节启用另一个。他们的家中通常设有专用搁置茶炊的小桌，或备有放着茶炊的专用"茶室"。茶炊质地通常为铜制品，有加热保温功效。茶炊造型古朴、典雅、装饰图案很具民族风味，其上嵌的鸡头形的水龙头是其一大特色。茶炊用后主人会罩上专门的丝绒布缝制的套或罩布，确保其光泽。

18世纪中后期出现的茶炊有两种不同类型：茶壶型茶炊和炉灶型茶炊。茶壶型茶炊的主要功能在于煮茶，经常被卖热蜜水的小商贩用来装热蜜水，既保温又便于走街串巷叫卖。这种茶炊构造特点是中部竖有盛热木炭的空心直筒，茶水或蜜水环绕在直筒周围，得以保温。而炉灶型茶炊的内部除了有竖直筒外，还被隔成几个小的部分，烧水煮茶可同时进行。凡能找到作燃料松果或木片的地方，人们都可以就地摆上炉灶型茶炊，做一顿野外午餐并享受午后茶饮的惬意。到19世纪中期，茶炊基本型为3种：茶壶型（或也称咖啡壶型）、炉灶型和烧水型（只用来烧开水的茶炊）。

如今，"围着茶炊饮茶"的传统仅偶见于俄罗斯乡村，茶炊已淡出城市家庭，城里人平时更多的是用茶壶沏茶，而仅仅在重要的节日，部分家庭才会启用茶炊，和家人、好友围坐在茶炊旁饮茶。

四、摩洛哥饮茶习俗

摩洛哥人的饮茶史距今已有300多年，摩洛哥人属阿拉伯人种，信奉伊斯兰教，严格的教规制约着人们饮酒、吸烟，所以，茶叶成了摩洛哥人日常生活中必不可少的重要饮料。当地居民视茶如粮,一日饮茶多次,亲友之间以送茶、敬茶作为礼品和礼节,茶已成为摩洛哥人文化的一部分。

摩洛哥人对茶可谓情有独钟。在其第三大城市非斯的大街上,观光者能看到专门为饮茶而制造的银质小壶、盘、汤匙等配套茶具,其规格多样,制作精美。无论你走进摩洛哥人的家庭、企业的办公室,还是政府和社区的接待室,你都会嗅到茶的清香,茶被摩洛哥人视为日常生活的最大享受。目前,全国人年均消费绿茶量约1kg,该国是北非诸国中茶叶消费水平最高的国家。

摩洛哥人喝茶,有冲泡,也有煮饮。待客时常在小银壶里加入适量绿茶、水及新鲜薄荷叶一起煮,汤汁煮浓时再加糖稍煮一下即成。饮时端出小壶,当着客人面倒出茶汤,清香四溢的茶让客人倍感温馨。饮用此茶有疏风清热、清咽利喉之功效,是气候干燥、炎热的摩洛哥极好的清热消暑之饮品。既提神解渴,又令人神清气爽,且口齿留香。当地在茶品的选用上,尤其喜欢茶味浓醇,茶香馥郁隽永,茶汤醇厚绿澄的茶叶,因为这样的茶加糖后茶味不减,汤色不褪,加薄荷后茶香仍不散。正因为如此,他们对中国的天坛牌珠茶,"珍眉"绿茶特别感兴趣。市场上畅销的梅那哈牌(意思即沙漠商人牌),天都峰牌(黄山市松萝有机茶叶开发有限公司外销屯绿出口眉茶)被认为是地道的中国绿茶,最受群众欢迎。

松萝茶(天都峰牌)

摩洛哥人日常生活较简朴。一日三餐,餐餐吃面包、绿茶和盐浸的橄榄果。有时也吃些用杏仁蓉和蜂蜜制成的小饼。虽是如此,每逢客至,敬甜茶是必不可少的礼宾之道。每年过节,摩洛哥政府必以甜茶(通常1份绿茶加10份白糖煮饮)招待各国贵宾。即便是日常社交的鸡尾酒会,也必在饭后再饮三道茶。即敬三杯甜茶,主人敬完这三道茶才算礼数周备。酒宴后饮三道茶,为的是享受茶甘醇之美,同时提神解酒。

松萝茶外销摩洛哥 Aaiun 港口

五、日本饮茶习俗

日本人饮茶历史较悠久,并形成了"茶道",包括抹茶道和煎茶道,以抹茶道为主流。日本的茶道发展至今已有着固定的规则、繁杂的程序和仪式,作为一种礼仪,主要是在接待贵宾,或在爱好茶道的人聚会时进行。茶道不只讲究喝茶,更注重喝茶礼法,"和、敬、清、寂"是其茶道的基本精神。

现代日本茶道一般在茶室进行,室内陈设布置大都古朴典雅。古玩、名人书画、鲜花是室内不可少的装饰点缀,陶炭炉、茶釜、茶碗等各种沏茶、品茶用具一应俱全。应邀前来的宾客应先到距茶室不远的茶庭（小休息室）敲击木钟通报主人，主人闻之，会跪坐在茶室门口敬候宾客；宾客进门前需在门旁石臼的清水里洗手，然后脱鞋入茶室；主人应最后一个入茶室，并相互鞠躬行礼、寒暄后依次入席；这时主人要送上茶食以供客人品尝，之后宾客退出茶室到茶庭或露地（茶室前的花园）稍作休息，主人则开始煮水泡茶。当水将煮沸时，宾客们再重新回到茶室，茶道仪式正式开始（此间点水、冲茶、递接、品饮有规范动作和规定的程序）。沏茶时，主人要先将各种茶具用茶巾（茶巾的折叠方法也有特别规定）擦拭后，再用茶勺从茶罐中取两三勺茶末，置于茶碗中，注入沸水，并用茶筅搅拌碗中茶水，直至茶汤泛起泡沫为止；而后按照客人的辈分从大到小，依次递送、品饮。

另外，日本茶道非常讲究茶具选配，选用茶器多是历代珍品，或贵重的瓷器。品饮时，还须欣赏、赞美茶碗，以表敬意。茶道全过程，主客间行、立、坐、送、接茶碗、饮茶、观看茶具，以至于擦碗、置放、言语，都有特定礼仪。一次茶道仪式的时间，一般在 2h 左右。茶道完毕时，女主人依旧要跪在茶室门侧送客。

日本茶道

日本人日常饮茶，所用茶品大多是蒸青绿茶和瓶装乌龙茶，也有红茶。饮茶方法与中国汉族清饮基本相似，即在茶壶中放入一撮茶叶，然后冲入开水饮用。除了客来敬茶外，几乎所有的家庭都有饭后一杯茶的习惯。市面上出售的各种罐装茶饮料往往是学生和出门在外人消费的主要饮品。通常日本人认为喝红茶是好客的表现，不少家庭为有珍贵茶具和高档红茶而自豪。日本人饮红茶的种类多样，有牛奶红茶、柠檬红茶及各种水果红茶（如草莓、苹果、甜瓜、柑橘红茶）等，在红茶中加香料或酒精的现象也有所见。近年来，还出现品乌龙茶、吃茶点的"品茗沙龙"饮茶方式。传统、时尚各行其道，雅俗并存。

此外，以绿茶为主的日本人，到了夏天，他们则喜欢饮一种叫麦茶的冷饮茶。麦茶、玄米茶就是将大麦和谷粒（稻子）带壳炒焦，再适当加入一些绿茶或其他茶叶，然后用水煮 5min 左右，汤色近似啤酒，可热喝，也可

日本抹茶

冷饮（味更美），饮时还可调点食盐，此茶有消暑解渴、消滞开胃的功效。因而，夏天家家户户的冰箱里都有麦茶系列凉瓶的一席之地，大小商场也都设有琳琅满目的麦茶专柜，年轻人即使在寒冬腊月也偏爱冰镇麦茶，麦茶是日本民族的特色茶。

六、韩国饮茶习俗

韩国的饮茶习俗集中体现在韩国茶礼中，韩国茶礼是集佛教禅宗文化、儒家思想、道

家理论于一体的,并融合了韩国传统礼节在内的,以"和、敬、俭、真"为基本精神创造而成的,独具特色的饮茶文化。茶礼的过程,从布置品茗环境(如茶室陈设、书画挂置、茶具排列)、恭迎宾客、呈送茶点,到投茶、注茶、点茶、喝茶等,都有严格的礼法规矩。

韩国的茶礼种类繁多、各具特色。如古代的高丽宫廷茶礼、高丽五行茶礼、传统的成人茶礼,农历每月的初一、十五、传统节日及祖先生日所举行的祭礼,以及现代的"末茶法"、"饼茶法"、"钱茶法"、"叶茶法",这些都是韩国茶礼的重要组成部分。下面以"叶茶法"为例作介绍:

叶茶法是当今韩国茶礼的主要形式,程序与我国汉族清饮大体相同。包括:备具、迎宾、温茶具、沏茶、奉茶、品茗、收具、谢客。

(1) 备具。取长方形高脚(或八角形盒式)大茶盘1个,置坐席居中位,茶盘左侧纵向反扣3只茶杯。茶盘前放茶样罐,罐后横放茶匙,跪式茶席的右侧上方置煮水炉,上放煮水壶(银或铁质),其后放握把茶壶1只,盖置(搁置壶盖的)1只。茶盘右前放水盂一只,后放杯托3只,壶杯间放折成方形的茶巾。

韩国茶具

韩国茶礼

(2) 迎宾。主人应在门口迎宾,以"欢迎光临"、"请进"等礼貌语致礼,并为来宾引路;宾客当依年龄高低、顺序随行;进入茶室后,宾主入席,互致跪式礼;主人坐东面西,客人坐西面东。

(3) 温茶具。沏茶前,将茶巾折叠好置于茶具左边,将烧水壶中的开水注入茶壶,温壶预热,然后将茶壶中的水分别注入茶杯,温杯后弃之于退水器(即水盂)中。

(4) 沏茶。沏茶时,先打开壶盖,左手持分茶罐,右手持茶匙取茶叶置壶中,投茶量以一杯茶投一匙茶叶为宜;紧接着注水入壶,静待茶汤生成;分茶时,按从右至左的顺序,分3次缓缓注入杯中,茶汤量以斟至杯的六七分满为宜。

(5) 奉茶。茶沏好后,主人(或助泡)以右手举杯托,左手把住手袖,恭敬地将茶奉到来宾的茶桌上,回位后主人在自己桌前捧杯,向宾客行"注目礼",并说"请喝茶",而来宾应答"谢谢",此时宾主方可一起举杯。

(6) 品茗。品茗时,主客均应观色、闻香、再细品茶味。期间可由助泡奉上各式糕饼、水果等清淡茶食。

(7) 收具。将茶具收回泡茶席,清洁后放回大茶盘,所有茶具复位后盖上泡茶巾。

(8) 谢客。宾主双方跪坐行礼,宾客致谢告辞,主人送行。

此外，在韩国的饮茶习俗中，传统茶种类多，已经达到无物不能入茶的程度。比较常见的是五谷，像大麦茶、玉米茶等。药草茶有五味子茶、百合茶、艾草茶、葛根茶、麦冬茶、当归茶、桂皮茶等。水果几乎无一例外都可以制成水果茶。

事实上，日本茶道的"和、敬、清、寂"、韩国茶道"和、敬、俭、真"与中国传统文化倡导心地善良、以礼待人、俭朴廉政、以诚相待的道德规范有高度的一致性。借助修习茶礼，引导人们心态归真、调和、通达，人人彼此敬重、以诚相待，生活崇尚朴素、简约，回归生命本性的至真至纯，是中、日、韩茶道的共同点。

韩国大麦茶

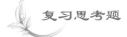

1. 汉族清饮主要有哪几种形式？少数民族的特色茶有哪几类？
2. 英式下午茶的特色是什么？
3. 简述日本茶道礼仪、程序。
4. 比较中国茶艺与日、韩茶礼的异同。

第八章

茶之和——茶事服务

茶是怡情雅志，促进人际和谐的使者。人们在饮茶过程中对茶、水、器、环境的品赏，陶冶性情并获得感恩自然、敬重茶农的精神享受，实现了茶与人的和谐；茶事活动中茶作为协调人际关系，沟通彼此情感的媒介，又实现了人与人的和谐。茶事服务正是通过诚待茶客，以茶联谊，促进了全面的和谐。

第一节 茶事礼仪

茶为国饮，当今茶事活动内容、形式多样，茶文化引领消费已成时尚，茶事礼仪乃重要环节，从业人员必须掌握和正确运用，确保茶事活动的顺利开展，完成以茶会友、以茶敬宾、以茶陶情之社会功能。

一、仪容、仪表

茶艺具有雅文化的特征，茶事服务是高雅的服务。从业人员在仪容上除了遵循服务行业规范要求以外，着装总体应体现其优雅的成分，以清丽、典雅为基调，突出民风民俗。应注重以下几个方面：

1. 头发 要保持清洁，前发女不遮及眼，侧发男不盖过耳，主张女子盘发或束发，以示清新自然。

2. 面部 女子妆容应淡雅，口红颜色不可过浓，且要与服装相协调，主张不戴耳环、项链，要给人以清丽之感；男子不可有鼻毛、留胡须。

3. 口腔 要养成经常漱口的好习惯，保持口腔清洁、口气清新、无异味。

4. 手 要始终保持清洁，指甲要短而干净，不可涂有色指甲油，注重手部的护理、保养，保持皮肤的柔润。

5. 服装 要求整洁，多数情况统一着装且需依据茶事内容、服务环境、服务对象不同而不同。如民俗茶艺表演服装需反映民俗特色，茶楼商业服务常规着装要求淡雅、统一，总体要求是既美观大方又有文化素养。

二、服务姿态

待客要谦恭，应答要自如，言语、态度需温和，茶礼要周全。服务时，女子站需亭亭玉立，坐要落落大方，不可在客人面前搔首弄姿、摇摆不定，严禁高声喧哗；男子站立需腰杆挺直，服务动作应干净利落，给人以不卑不亢之感。具体要求：

1. 站立时头要正，背要直，胸微挺，臀要收，双臂放松、自然下垂于体侧或双手交叉置于腹部，表情自然，精神饱满。

2. 步态要优雅，不可匆匆急行，一般行走靠右，不走中间；途中与宾客相遇，要点头致意并主动让路，切不可抢道；有急事要超越前面客人时，应口头示意，致歉后再加紧步伐超越。

3. 服务要体现专业素养，做到泡茶动作规范、优雅；待客态度温和，解说耐心细致；手势运用规范、适度。即言谈、举止要与品茗环境相协调，能给宾客一种高雅的享受。

三、礼貌、礼节

站 姿

茶乃大雅之物，它是茶文化的载体，茶事服务应体现其文化特色。这就要求服务中不仅要以礼待人，还要以礼待茶，以礼待器，以礼待己。具体而言：语言、动作、表情、姿势、手势要符合雅的要求，要做到言谈文雅，举止优雅，如此方能更好地体现茶叶的灵性，展示茶艺的美，演绎茶文化的丰富内涵。为此，茶艺人员接待宾客时，问候需热情，介绍茶点、茶品要耐心，茶礼细节要周全；备茶、选具、投茶、冲泡、奉茶等程式要力求规范、精细；要能依据不同的茶品特点和冲泡要求细心泡好每道茶；服务期间应侍立一旁随叫随应，不随意离岗，尽可能地根据客人的需求提供周到、满意的服务。

以下几个方面需注意：

1. 沏茶用具要清洁 冲泡之前要用开水烫一下茶壶、茶杯。这样，既讲究卫生，又显得彬彬有礼。倘若不管茶具清洁与否，就胡乱给客人泡茶，是服务行业之大忌，也是极不礼貌的行为。

2. 置茶应循礼 茶艺人员展示干茶样，主动介绍茶品的特点、风味，并依次传递嗅赏，以示对喝茶人的尊重；置茶入壶、杯，应使用竹或木制的茶匙摄取，切忌用手抓，若没有茶匙，可将茶筒倾斜对准壶或杯轻轻抖动，使适量的茶叶落入壶或杯中，避免手气或杂味混入。这是卫生、文明的表现，也是茶礼的要求。

3. 茶、水要适量 茶叶投放量不宜过多，也不宜太少。过多，茶味过浓；太少，茶味过淡。如客人主动介绍自己有喜喝浓茶或淡茶的习惯，则应遵

端 茶

从客人的口味沏泡。沏茶量,无论大杯小杯,都不宜沏得太满,常以七分满为度。一方面,太满易溢,弄湿桌、凳、地板;另一方面,不小心还会烫伤自己或客人,导致不必要的麻烦。

4. 端茶要得法 将泡好的茶端给客人时,最好使用托盘,我国的传统礼俗是双手给客人端茶,待客时切不可无视传统规矩,仅用一只手端茶递给客人。双手端茶要注意方法,奉茶前,一要轻声示意,避免对方无意碰撞;二是端放时要右进右出,顺时针斟倒或摆放(添水也同样)。有杯耳的茶杯,通常一只手握杯耳,另一只手托杯底端茶奉客;没有杯耳的茶杯应手握杯下部,不可用五指捏住杯口边缘端茶奉客。端至客人面前时,应略躬身礼貌地说"请用茶",也可伸手示意,同时说"请"。

5. 宾主要分清 由于服务地点、内容、对象的不同,奉茶可主人向客人敬献,也可请招待员或秘书给客人递送。若主人给客人献茶,客人不止一位时,礼节要求第一杯茶应奉给德高望重的长者,先起立并用双手递杯,说声"请";客人亦应起立,双手接杯,道以"谢谢"。若由招待员上茶,要先宾方,后己方;客人较多时,应先主宾,后按顺时针方向,依次给各宾客斟茶。倘若双方处于工作或交谈状态,则要先说一声"对不起",待对方会意后,方斟茶。客人对招待员的服务同样应示以感谢。续茶同样要遵循先宾后主。

6. 茶点佐茶有次序 待客时,若用茶水和点心一同招待客人,次序上应先上点心后上茶水。点心大多上组合搭配的几小盘,或几个人上一大盘,也可选择自助式的自行点配。应注意的是,茶点和茶水应从客人右侧奉上和撤下。

总之,茶事服务不论什么时候都应对客人保持谦敬的态度,说话时要面对客人,语言应得体,要善于运用眼神、微笑、体态语多种礼貌形式。事实上,茶艺人员礼仪之美的核心就在于尊重客人,只有充分尊重客人,礼貌、礼节才会发自内心,优质高雅的茶事服务内涵才能从点滴行为中充分体现。

第二节　茶事服务

品茶待客是中国人高雅的娱乐和社交活动。坐茶馆、茶话会、茶交会等社会性的群体茶事活动,对茶叶生产的发展和茶文化的传播起着极大的促进作用。在倡导茶为国饮的今天,很多大型的活动都少不了茶事服务的参与,茶事服务的领域在今后愈来愈广泛,内容也更为丰富。

一、接待准备

1. 环境准备 接待环境应整洁、明亮、美观,物品摆放应井然有序,要让来宾走进来就有舒适、温馨之感。无论是单位的会客厅、临时茶室还是茶楼等经营场所,环境布置

接待准备

都应力求整洁、幽雅。从业人员在接待准备工作中，应据客观条件尽量创设出有品味的雅致的接待环境，这是对来宾尊重的具体体现。

2. 用具准备 要依据茶事服务对象的人数和茶会的性质准备相应的茶器具，大型茶会活动要根据活动整体安排，及时做好茶器具的清洁和摆放工作；商业性的茶楼从业人员要根据顾客所选茶品，凭借自己对茶具的种类和特性方面的知识，合理配置与之相适宜的、利于茶性的泡茶用具，并规范地做好清洁、布台工作。

3. 茶、水准备 茶艺员对主要茶叶品类要熟悉，对泡茶用水的知识要知晓，要依客观条件选择较好的泡茶用水，依需求选用相应等级的茶品，认真做好茶品用量及泡茶用水的准备工作。

4. 服务人员准备 要根据来宾人数或茶会规模配置相应的茶艺服务人员，迎宾、接待、冲泡等各环节人员需各就其位。茶艺服务人员必须具有相当的专业素养，即能够根据接待对象的特点，进行针对性的接待服务；能正确演示并解说绿茶、红茶、乌龙茶、白茶、黑茶和花茶的茶艺演示过程；能介绍各类茶汤的品饮方法及茶保健知识；具有娴熟的冲泡技艺。

二、服务程序

由于茶事服务渗透领域较广，不同类型的茶事服务程序自然不完全相同。茶交会、茶博会、品茗推介会或是开园节等较大型的茶事活动，由于有相关的政府机构主办，其茶事活动安排往往统一部署，如品茗推介会一般包括开幕、致辞、品茗、颁奖、拍卖等程序，品茗现场茶艺服务程序多数情况下仅涉及分样、沏泡、奉茶，或穿插茶艺表演。而在茶楼（馆）这样的经营场所，其服务程序则相对比较固定，对茶艺员的专业知识要求较高，其服务程序大多是：

1. 迎宾服务 要求站立到位，面带微笑，善于观察，适时招呼。尤其是迎宾用语"欢迎光临"不可少。

2. 点茶服务 客人入座后，茶艺员应立

迎宾服务

冲泡准备

即呈上茶单,为客人提供点茶服务。注意向客人推荐茶叶、茶点时:一要掌握好推荐时机;二要根据不同季节、顾客不同要求推荐茶饮;三要有适当的推荐方法,切不可强求。

3. 冲泡服务　依据客人点选的茶品,采用专业冲泡法冲泡。程序为:茶样展示→洁具→置茶→冲水→焖茶→分茶→敬茶→品饮。

4. 茶点服务　端送客人所点选的茶点,应摆放有序,并有礼貌地示意"请慢用"。

5. 台面服务　茶艺员应侍立一旁做好添茶续水,及提供相关服务,如解说、茶知识典故介绍、品茗指导等。

6. 结账收款　根据茶单正确结算收银,并提示客人审核对误。

7. 送别　送客至门口,要说"感谢惠顾,下次再会"等礼貌语,让宾客高兴而来,满意而归。

8. 整理台面　要及时清理台面,恢复整洁,各类茶器具应清洗干净并归放原位,以备再次使用。

第三节　茶点选配

一、茶点的分类

茶点是在茶的品饮过程中发展起来的一类点心。其特色为精细美观,口味多样,形小、量少、质优,品种丰富,是佐茶食品的主体。因各地饮食习惯的差异,茶点往往带有不同的地方风味,如广式、港式、京式、苏式、宁式、湘式、川式、闽式、徽式、韩式、日式、西式等;对茶点的分类通常是以其制作原料为主体来进行划分的,主要有:

茶点(一)

1. 炒货类 常见的有瓜子、花生、香榧、榛子、松子、杏仁、开心果、腰果、兰花豆等；口味大多为五香、奶油、椒盐等。

2. 鲜果类 主要指时令水果。常见的有西瓜、哈密瓜、苹果、梨、香蕉、李子、桃、杏、龙眼、荔枝、葡萄、蜜橘、甜橙、甘蔗、小黄瓜、樱桃番茄等。

3. 蜜饯类 又可分为果脯和蜜饯。常见的有苹果脯、桃脯、梨脯、蜜枣、柿饼、金橘饼、芒果干、山楂糕、果丹皮、陈皮梅、话梅、九制陈皮、糖杨梅、加应子、葡萄干、圣女果等。

4. 糖食类 又称甜食。主要有芝麻糖、桂花糖、花生糖、琥珀核桃、可可桃仁、白糖松子等等。以及掺红茶、绿茶、乌龙茶的各种奶糖和茶胶姆糖。

5. 点心类 用料广泛，山珍海味、飞禽走兽、瓜果蔬菜都可入料，且烹制方法多样，煎炸、蒸、煮、烤、烘都有。常见的蒸煮类有粽子、汤圆、馄饨、水饺、花色面、糖藕、八宝饭、烧卖、馒头、包子、米糕、水果羹、银耳羹、赤豆羹；煎炸类有春卷、锅贴、麻球、大饼等；烘烤类有月饼、宫廷桃酥、夹心饼干、家常饼、蛋糕等；茶菜类有香干、盐豆、茶笋丝、鹌鹑蛋、火腿片、牛肉干等。

这些甜酸香咸辣，口感各异的茶点在多数茶艺馆或家庭待客往往都是同时登场的，起到佐茶添话、生津开胃的作用。

二、茶点的选配

蓝天衬白云，绿叶映红花称天赐美景；琴音绕雅室，茶点佐香茗谓人造乐事。一壶上等的茶品，些许佐茶的点心，再加上休闲放松的心情，方能品出茶的真味，感受茶之韵、茶之趣。品茶以茶点相配，方能相得益彰。茶点与茶的搭配，需讲究茶点与茶性的和谐，注重茶点的风味特色，重视茶点的地域习惯，以及体现茶点的文化内涵等。

1. 讲究茶点与茶性的和谐 常言道："甜配绿、酸配红、瓜子配乌龙"。这里所谓的甜配绿，即甜食搭配绿茶来喝，如甜糕、各式蛋挞；酸配红，即酸的食品搭配红茶来喝，如水果、蜜饯；瓜子配乌龙，即咸的食物搭配乌龙茶来喝，如瓜子、盐豆、笋干。这种茶食搭配原则是茶点与茶性和谐的体现，茶艺人员在服务中应予以重视并灵活运用。

2. 注重茶点的风味特色 茶点与传统点心相比而言，其种类更为繁多、口味多样，制作也更加精美，它的特点是集品尝性、观赏性于一体。就地方风味而言，我国有黄河流域的京鲁风味、西北风味，长江流域的苏扬风味、川湘风味，珠江流域的粤闽风味等，此外，还有东北、云贵、鄂豫以及各民族风味点心。从茶点的色彩与造型来看，大都讲究其视觉观赏性，

茶点（二）

要求其色形和谐、小巧精致。例如，体现粤闽风味的"荔红步步高"就是一款精美茶点，它是用荔枝红茶汤混合马蹄粉做成的，外观红白相间，层层叠叠，细嚼凉滑香甜，与红茶

配搭，更是回味悠长；又如榴莲酥，其皮薄如蝉翼，表面清亮油润，缀以芝麻粒，形、色兼备，品之，榴莲味浓醇香满口，若佐以茉莉花茶则独有一番妙趣。

简言之，无论是传统点心的春卷、锅贴、饺子、烧卖、馒头、包子、家常饼、银耳羹，还是口味独特的纯天然创新茶点茶果冻、茶瓜子、茶奶糖之类；抑或是仿英式时尚下午茶的各式西点茶食；凡此林林总总的各类茶点都必须因茶客不同的需求，依品茗地点、茶品、环境的不同，进行合理的搭配，同时还应力争组创出具个性化、特色化、多样化的配搭效果，充分展示茶点的风味特色。

3. 讲究茶点的地域习惯 茶点的地域性主要是源于一方的饮食习惯。由于我国茶区广，民俗各异，各地饮茶习俗不同，茶点的区域性特色明显。例如，福建省的闽南地区和广东省的潮汕地区喜喝乌龙茶，且多以小壶小杯的工夫茶泡法，细啜慢饮，所配茶点不仅味道可口，而且外形精雅，主要有绿豆茸馅饼、椰饼、绿豆糕、芋枣以及膨化食品、蜜饯等；广东人的早茶俗称"一盅两件"，意思是一盅茶，两道点心，既可饱腹又不失品茗之趣。而江、浙、皖一带喜喝当地产的名优绿茶，清饮为主，不仅茶具精美，茶点亦精致美味，且江南风情浓郁，茶点主要有瓜子、盐豆、笋丝、茶干、糖果、蜜饯等。再如，与南方不同，北京的茶馆茶点主要有艾窝窝、蜂糕、排叉、盆糕、烧饼等，顾客可边品茶，边品尝茶点；在北京另有一种茶馆叫"红炉馆"，其沿袭清朝宫廷文化，茶点比较传统，茶馆设有烤饽饽的红炉，做的是满汉点心，小巧玲珑，大八件、小八件的，这些都是地域习惯的反映。此外，少数民族地区茶点就更是民风十足，琳琅满目。因此，茶点的配搭若以地域习俗为风格也是不错的选择。

4. 体现茶点的文化内涵 随着时代的发展，茶点的制作不仅讲究色、香、味、形等感官享受，茶点的文化内涵也受到注重。茶艺人员在茶点配搭时应注意到这一点，对每一个茶点品种背后丰富的文化内涵要有所知，要让顾客在品尝的同时，还能了解到鲜为人知的制作方法和故事典故，从而增添茶趣。如在古徽州（今黄山），正月用来招待亲戚朋友佐茶的五款经典徽式茶点：瓜子、花生、蜜枣、顶市酥（俗称"红纸包"）、茶叶蛋就蕴含了徽文化内涵；又如，在扬州，根据名著《红楼梦》创制的"红楼茶点"就曾名噪一时，其包括松子鹅油卷、蟹黄小娇儿、如意锁片等茶点在内的25个品种，书中都有出处。可谓是体现茶点文化内涵的经典大作。

顶市酥

5. 反映茶点的时代特征 制茶工艺发展到今天，茶叶已经成为许多特色茶点食品的重要原料。这样的茶点是茶味茶趣的新宠，如绿茶瓜子、茶软糖、茶果冻等。而受西餐文化的影响，现今广东茶点的制作，烘焙类茶点品种居多，主要有乳香鸡仔饼、松化甘露酥、酥皮波萝包等其他各式蛋挞、奶挞、酥皮挞、西

茶点盛器

米挞以及各种岭南风味的酥角等也都是烘焙类茶点的上乘精品,从味道、口感到造型都极具新意,堪称是粤式茶点技术与时尚创意的完美结合。事实上,当今茶点市场上正在注入越来越多的时尚元素,是茶点具时代特征的反映。茶艺人员在茶点配搭时应将时尚茶点纳入其中,主动引领时尚文化消费大潮。

6. 讲究茶点与器皿、节令的调和 茶点除了本身质量要好,组配要适宜以外,还要有洁净、素雅、别致的盛器来衬托其可口与精美,以令人视觉上得到美的享受。因此,用于盛放茶点的器皿选用上也应巧运匠心,方可相得益彰。此外,茶点的选配还应考虑节令,一般春季多选用色泽明丽开胃的茶点,夏季多选味道清淡的茶点,秋季多选素雅的茶点,冬季多选味浓的茶点。

总而言之,茶点选配指导原则为"干稀搭配、口味多样、形色相谐、因人而异"。在此基础上,地域特色、风味效果、文化内涵、时尚追求等多种元素都应纳入配搭内容,如此,茶点在饮茶文化中才更具风采。

第四节 茶艺人员的职业道德

茶艺人员所从事的茶艺工作,是一种高雅的文化服务,从业人员必须具备较高的文化素养和专业素养,自觉遵守职业道德规范以及行业行为规范。

一、职业道德的基本知识

1. 职业道德的概念 职业道德是指从事一定职业的人们,在工作和劳动过程中,所遵循的与其职业活动紧密联系的道德原则和规范的总和。

2. 职业道德品质的含义 是指人们在长期的职业实践中,逐步形成的职业观念、职业良心和职业自豪感等职业道德品质。

3. 遵守职业道德的作用 遵守职业道德有利于提高茶艺人员的道德素质修养;有利于形成茶艺行业良好的职业道德风尚;有利于促进茶艺事业的良性发展。

二、职业道德的基本准则

自觉遵守职业道德规范,热爱茶艺工作,业务能力强,以不断提高服务质量为己任,是茶艺师职业道德的基本准则。为此,五项基本规范的遵守是首要的也是必需的。

1. 爱岗敬业 茶艺人员应对所从事的职业有强烈的责任感、荣誉感和兢兢业业的精神,对自己所从事的职业活动能尽职尽责。做到业务熟悉,完成本职工作高效;努力钻研业务,力求精益求精;能充分意识到提高技术水平是业务需要,也是职业道德高尚的直观体现。

2. 诚实守信　应自觉按照国家政策法规和社会主义道德原则，规范自己的行为，诚实待人、诚实办事，讲信誉、讲信用。讲究质量，是从业人员对社会和人民承担的义务和职责；讲信誉，体现的是社会对一个行业职业活动的一种评价；质量和信誉是企业的生命，应给予充分认识。为此，我们强调从业人员必须讲究商品质量及服务质量，注重信誉，牢固树立信誉至上的观念，诚实守信是基本点也是根本点。

3. 办事公道　要做到买卖公平，服务优质，价格合理。办事公道，是指在各种职业活动中待人处事要公正公平，公道正派，合情合理，这是职业交往中的一项重要原则。茶事服务中对待服务对象要一视同仁，无尊卑之分。要让茶礼、茶德深入内心，美于言行。

4. 服务群众　在社会主义社会，无论从事哪种职业都是为人民、为社会服务，各种职业、各种岗位之间是"彼此协作、相互服务"的，自己既是为别人工作和服务，别人也为自己工作和服务。因此，每个从业人员都要端正服务态度，树立劳动光荣的思想，倡导"人人为我，我为人人"的良好社会道德风尚。茶艺界近年来开展的"无我茶会"活动，就是这种服务思想最好的实践，茶艺服务人员要以一颗平和的心去事茶待客。

5. 奉献社会　茶艺服务人员要牢记"默默地无私奉献，为人类造福"的茶人精神，在职业活动中要发扬这种奉献精神，增强社会责任感。能正确对待国家、集体和个人的关系以及奉献与索取的关系。能认识到人人都是社会的一分子，都要有为人类社会美好的明天作贡献的良好愿望。茶艺服务人员应借茶事活动高雅的文化内涵，自觉地为推进社会文明道德风尚尽自己一份绵薄之力。

三、培养职业道德的途径

1. 积极参加社会实践，做到理论联系实际　学习正确的理论，并用它来指导实践是培养职业道德的根本途径。茶艺人员要努力掌握马克思主义的立场、观点和方法，密切联系实际，加强道德修养。只有在实践中时刻以职业道德规范来约束自己，才能逐步养成良好的职业道德品质。

2. 强化道德意识，提高道德修养　茶艺人员应该认识到其职业的崇高意义，时刻不忘自己的职责，并把它转化为高度的责任心和义务感，从而形成强大的动力，不断激励和鞭策自己干好各项工作。

3. 开展道德评价，检点自己的言行　茶艺人员要不断地在道德领域里开展批评与自我批评，促使道德原则和规范转化为道德品质，促进良好道德风尚的形成。茶艺人员应深知，良好的言行会给宾客带来温馨和快乐。因此，茶艺人员要时刻注意自己的言行，使自己的言行符合职业道德规范。

茶艺人员在学习
（黄山谢裕大茶叶股份有限公司茶行）

4. 加强文化修养，提高精神境界　茶艺人员努力学习，自觉钻研业务，加强文化修养，提高精神境界既是服务职责所在，也是加强职业道德修养的必经之途。

四、职业守则

职业守则是职业道德的基本要求在茶事服务中的具体体现，也是职业道德基本原则的具体化和补充。因此，它既是每个茶艺人员在茶事服务中必须遵循的行为规范，又是人们评判每个茶艺人员职业道德行为的标准。

1. 热爱专业，忠于职守　茶艺人员要认识到茶艺工作的价值，热爱茶艺工作，了解本职业的岗位职责、要求，以提高水平完成茶事服务任务。

2. 遵纪守法，文明经营　茶艺工作有着它的职业纪律要求。茶艺人员在茶事服务中要有服从意识，听从指挥和安排，使工作处于有序状态，并严格执行各项制度，如考勤制度、安全制度等，以确保工作成效。此外，茶艺人员要在维护品茶客人利益的基础上方便宾客、服务宾客，为宾客排忧解难，做到文明经营。

3. 礼貌待客，热情服务　是茶事服务中最重要的业务要求和行为规范之一，也是茶艺人员职业道德的基本要求之一。它体现出茶艺人员对工作的积极态度和对他人的尊重，这也是做好茶事服务的基本条件。因此，每个茶艺人员要做到：文明用语、礼貌待客，尽心尽职、服务规范，使顾客高兴而来，满意而归。

礼貌待客

4. 真诚守信，一丝不苟　这是做人的基本准则，也是一种社会公德。对茶艺人员来说是一种职业态度，它的基本作用不仅仅是树立自己的信誉，树立起值得他人依赖的道德形象，更重要的是维护和促进良好的社会道德风尚。

5. 钻研业务，精益求精　这是对茶艺人员在业务上的要求。要为客人提供优质服务，使茶文化得到进一步发展，就必须有丰富的业务知识和高超的操作技能。因此，每个茶艺人员要多学习，从而积累丰富的业务知识，提高技能水平，以便更好地做好茶事服务工作。

复习思考题

1. 茶事服务仪表与服务姿态有哪些具体要求？
2. 茶事服务接待准备包括哪几方面的内容？
3. 茶点有哪几种类型？茶点选配的原则是什么？
4. 茶艺服务人员的职业守则是什么？

【操作训练】

内容：茶事服务接待。
要求：掌握茶事服务的程序，熟悉服务过程中的注意事项。
地点：可以进行服务练习的模拟茶艺馆。
用具：各类茶具、托盘、茶叶、茶单等。
方法：教师示范讲解、学生分组模拟训练。
作业：收集和整理相关知识点。
考核：小组间相互评议，并提出改进建议。

中级茶艺师模拟测试试题及答案

(选自农业技能鉴定中心茶艺师考核试题)

【理论试题】

一、填空题（每空1分，共20分）

1. 广义的茶文化是指茶叶发展历程中_____和_____的总和。
2. 评定茶叶品质质量的标准有_____、_____、_____和形状。
3. 目前我国茶区大致分为4个，即江南茶区、_____、_____和西南茶区。
4. 在专用茶具出现之前，饮茶是以_____和_____代替的。
5. 我国唐朝普遍的饮茶方法是_____法，宋朝是_____法。
6. 泡茶时_____、_____、_____和冲泡次数是决定茶汤的4个要素。
7. 君山银针属于_____茶类，冲泡水温以_____为宜。
8. 祁门红茶属于红茶中的_____类，为_____形红茶。
9. 宋代范仲淹专门描述当时斗茶情景的诗歌为_____。
10. 明清时期茶叶品饮方面的最大成就是_____茶艺的完善。

二、是非题（每空1分，共20分）

1. 我国是世界上最早利用茶叶的国家。（   ）
2. 茶具有食用、药用、饮用及作祭品多种利用价值，这是茶饮形成和发展的根本原因。（   ）
3. 各民族多姿多彩的茶俗是茶文化民族特征的体现。（   ）
4. 中国茶外传从古至今都是中国向外国一脉相传。（   ）
5. 明代时大彬被称为紫砂壶真正意义上的鼻祖。（   ）
6. 茶叶中的维生素可在水中全部溶解。（   ）
7. 陆羽《茶经》基本勾画出茶文化的轮廓，是茶文化正式形成的重要标志。（   ）
8. "斗茶"盛行于宋朝。（   ）
9. 泡一杯名优绿茶一定都要浸润泡。（   ）
10. 汉晋到隋代是茶具由通用走向专用的转折时期。（   ）
11. 日本的茶道是由中国的饮茶习俗发展而来的。（   ）

12. "字依壶传，壶随字贵"说明了制壶名家时大彬与陈曼生的合作关系。（　　）
13. 含有较多钙、镁离子的水称为硬水。（　　）
14. 茶圣陆羽认为饮茶用水为"其水，用江水上，山水中，井水下"。（　　）
15. 泡茶水温的高低和用茶数量的多少，不影响冲泡时间的长短。（　　）
16. 一般来讲，硬度高、胎身薄的茶具散热较慢。（　　）
17. "一饮涤昏寐，情思爽朗满天地"是唐诗人皎然的诗名。（　　）
18. 云南白族"三道茶"把人生先苦后甜，体察人生的哲理溶于茶的泡饮之中。（　　）
19. 维吾尔族爱喝酥油茶。（　　）
20. 茶艺表演中的"赏茶"主要是欣赏茶叶的外形与色泽。（　　）

三、选择题（每题1分，共20分）

1. 世界三大无酒精饮料是（　　）。
   A. 茶叶、矿泉水、咖啡　　　　B. 茶叶、矿泉水、可可
   C. 咖啡、矿泉水、可可　　　　D. 茶叶、咖啡、可可
2. 茶叶审评的湿评4项因子是（　　）。
   A. 香气、滋味、叶底、嫩度　　B. 香气、汤色、滋味、叶底
   C. 香气、滋味、汤色、嫩度　　D. 汤色、滋味、叶底、嫩度
3. 窨制花茶利用的是茶叶的（　　）
   A. 吸湿性　　B. 吸附性　　C. 陈化性　　D. 后熟性
4. 历史上正式经国家法令形式废除团饼茶的是（　　）。
   A. 唐玄宗李隆基　　　　　　　B. 明太祖朱元璋
   C. 清高宗乾隆　　　　　　　　D. 宋徽宗赵佶
5. 在东晋杜育《荈赋》中，呈现出相当完整的（　　）的诸要素。
   A. 品茗艺术　　B. 采茶技术　　C. 煮茶方法　　D. 制茶工艺
6. 在茶诗中最早在诗中写"茶道"一词的是（　　）。
   A. 东晋杜育　　B. 唐代卢仝　　C. 唐代皎然　　D. 唐代陆羽
7. 中国茶道"四谛"为"（　　）"。
   A. 精、行、俭、德　　　　　　B. 廉、美、和、敬
   C. 和、静、怡、真　　　　　　D. 理、敬、清、融
8. "七碗吃不得也，唯觉两腋习习清风生"是唐朝哪位诗人的名句？（　　）
   A. 李白　　B. 白居易　　C. 皎然　　D. 卢仝
9. "斗茶"用的茶具为（　　）
   A. 黑釉盏　　B. 青釉盏　　C. 白釉盏　　D. 紫砂壶
10. 束柴三友壶是壶艺家（　　）的杰作。
    A. 时大彬　　B. 陈鸣远　　C. 杨彭年　　D. 陈鸿寿
11. 下列哪种不是泡饮工夫茶的"烹茶四宝"？（　　）
    A. 潮汕风炉　　B. 玉书煨　　C. 若琛瓯　　D. 兔毫盏
12. 日本茶道中抹茶道采用的是我国饮茶史上的（　　）法。

A. 煮茶　　　　B. 点茶　　　　C. 撮泡　　　　D. 煎茶

13. 紫砂壶的"禁水"是指（　　）。
　　A. 壶嘴出水不溅射　　　　　　B. 壶嘴出水不断流
　　C. 壶盖与壶口结合紧密　　　　D. 壶不吸水、渗水

14. 清朝壶艺家邵大亨的代表作是（　　）。
　　A. 树瘿壶　　　B. 梨形壶　　　C. 梅干壶　　　D. 鱼化龙壶

15. 中庸是我国（　　）思想。
　　A. 儒家　　　　B. 道家　　　　C. 佛教　　　　D. 禅宗

16. 茶叶贮藏适宜的温度是（　　）。
　　A. 15～20℃　　B. 10～15℃　　C. 5～10℃　　D. 0～5℃

17. 陆羽认为水有三沸，他形容二沸水为（　　）。
　　A. 微有声　　　B. 如鱼目　　　C. 如涌泉连珠　　D. 如腾波鼓浪

18. 茶叶所含的（　　）药理成分，是茶叶对人体健康有益的物质基础。
　　A. 维生素　　　B. 蛋白质　　　C. 脂肪　　　　D. 茶多酚

19. （　　）是茶叶所特有的，是茶叶风味主要成分。
　　A. 茶氨酸　　　B. 丙氨酸　　　C. 蛋氨酸　　　D. 谷氨酸

20. 现代世界茶文化，特别是（　　）的发展也已进入到新的发展时期。
　　A. 中国茶文化　　　　　　　　B. 日本茶文化
　　C. 东方茶文化　　　　　　　　D. 韩国茶文化

四、问答题（每题8分，共40分）

1. 何谓茶文化？茶文化有哪些基本特征和特点？
2. 叙述龙井茶的品质特征及其行茶程序。
3. 叙述乌龙茶壶盅双杯泡法的行茶程序。
4. 茶艺的冲泡要领有哪些？
5. 如何体现茶艺表演之美？

【操作试题】

一、口试题（20分）
介绍全国十大名茶的基本情况（如产地、采制特点、品质特点和冲泡要点等）。

二、识别题（20分）
识别茶品质的优劣（提供同种茶品、不同品质的3种茶样进行鉴别，并说出其品种、名称及优劣）。

三、操作题（抽签完成一种茶的表演程式。60分）
1. 根据要求准备茶品、茶用具、泡茶用水等（提供某一绿茶、红茶或乌龙茶）。
2. 正确演示行茶程序并解说。

中级茶艺师模拟测试答案

一、填空题

1. 物质文明　精神文明　2. 色泽　香气　滋味　3. 江北茶区　华南茶区　4. 食器　酒具　5. 煮茶　点茶　6. 茶叶的用量　冲泡的水温　浸泡的时间　7. 黄　75℃　8. 工夫红茶　条形　9.《和章岷从事斗茶歌》　10. 工夫茶艺

二、是非题

1. √　2. √　3. √　4. √　5. ×　6. ×　7. √　8. √　9. ×　10. √　11. √　12. ×　13. √　14. √　15. ×　16. ×　17. √　18. √　19. ×　20. √

三、选择题

1. D　2. B　3. B　4. B　5. A　6. C　7. C　8. D　9. A　10. B　11. D　12. B　13. C　14. D　15. A　16. D　17. C　18. D　19. A　20. C

四、问答题

1. 茶文化有广义和狭义之分。广义的茶文化是指整个以茶为中心的物质文明和精神文明的总和。狭义的茶文化则专指其精神文化的内容，也就是茶在被应用过程中所产生的文化和社会现象。

茶文化的基本特征有5点，即社会性、广泛性、民族性、区域性和传承性。茶文化的特点是4个结合，即物质与精神的结合，高雅与通俗的结合，功能与审美的结合，实用性与娱乐性的结合。

2. 龙井茶外形扁平光滑，形似"碗钉"，色泽嫩绿，香气鲜爽，滋味甘醇，素有"色绿、香郁、味甘、形美"四绝而著称。

冲泡程序：冲泡龙井茶宜选用无花透明玻璃杯，便于观赏茶叶的姿形景观。其程序有：备器——赏茶——洁具——置茶——润茶——冲泡——奉茶——品尝——收具。

3. 乌龙茶壶盅双杯泡法的冲泡程序有：备器——温壶（盅）——赏茶——置茶——洗茶——高冲——刮沫——淋盖——洗杯——分茶（先茶盅后闻香杯）——转杯——奉茶——品尝——二泡、三泡——收具。

4. 茶艺的冲泡要领有茶叶用量、冲泡的水温、浸泡的时间和冲泡次数四方面。

5. 茶艺表演之美应着重从内涵美、解说美、神韵美三方面上下工夫。内涵美体现在茶艺表演的编排上，应从顺茶性、合茶道、科学卫生、文化品位四方面考虑；解说美应注意普通话的标准，脱稿及语言的运用；神韵美就是要轻盈、连绵、圆融。

附录二

国家职业标准——茶艺师

初级

职业功能	工作内容	技能要求	相关知识
一、接待	（一）礼仪	1. 能做到仪容仪表整洁大方 2. 能够正确使用礼貌服务用语	1. 仪容、仪表、仪态常识 2. 语言应用基本常识
	（二）接待	1. 能够做好营业环境准备 2. 能够做好营业用具准备 3. 能够做好茶艺人员准备 4. 能够主动、热情地接待客人	1. 环境美常识 2. 营业用具准备注意事项 3. 茶艺人员准备的基本要求 4. 接待程序基本常识
二、准备与演示	（一）茶艺准备	1. 能够识别主要茶叶品类，并根据泡茶要求准备茶叶品种 2. 能够完成泡茶用具的准备工作 3. 能够完成泡茶用水的准备工作 4. 能够完成冲泡用茶相关用品的准备工作	1. 茶叶分类、品种、名称知识 2. 茶具的种类和特征 3. 泡茶用水的知识 4. 茶叶、茶具和水质鉴定知识
	（二）茶艺演示	1. 能够在茶叶冲泡时选择合适的水质、水量和冲泡器具 2. 能够正确演示并解说绿茶、红茶、乌龙茶、白茶、黑茶和花茶的茶艺过程 3. 能够介绍茶汤的品饮方法	1. 茶艺器具应用知识 2. 茶艺演示要求及注意事项
三、服务与销售	（一）茶事服务	1. 能够根据顾客状况和季节不同推荐相应的茶饮 2. 能够适时介绍茶的典故、艺文、激发顾客品茗的兴趣	1. 人际交流基本技巧 2. 有关茶的典故和艺文
	（二）销售	1. 能够揣摩顾客心理，适时推介茶叶与茶具 2. 能够正确使用茶单 3. 能够熟练完成茶叶、茶具的包装 4. 能够完成茶艺馆的结账工作 5. 能够指导顾客储藏和保管茶叶 6. 能够指导顾客进行茶具的养护	1. 茶叶、茶具包装知识 2. 结账基本程序 3. 茶具养护知识

中级

职业功能	工作内容	技能要求	相关知识
一、接待	（一）礼仪	1. 能保持良好的仪容仪表 2. 能有效地与顾客沟通	1. 服务礼仪中的语言表达艺术 2. 服务礼仪中的接待艺术
	（二）接待	能够根据顾客特点，进行针对性的接待服务	
二、准备与演示	（一）茶艺准备	1. 能够识别主要茶叶品级 2. 能够识别常用茶具的质量 3. 能够正确配置茶艺茶具，布置表演台	1. 茶叶质量分级知识 2. 茶具质量知识 3. 茶艺茶具配备基本知识
	（二）茶艺演示	1. 能够按照不同茶艺要求，选择和配置相应的音乐、服饰、插花、熏香、茶挂 2. 能够担任3种以上茶艺表演的主泡	1. 茶艺表演场所布置知识 2. 茶艺表演基本知识
三、服务与销售	（一）茶事服务	1. 能够介绍清饮法和调饮法的不同特点 2. 能够向顾客介绍中国各地名茶、名泉 3. 能够解答顾客提出的有关茶艺的问题	1. 艺术品茗知识 2. 茶的清饮法和调饮法知识
	（二）销售	能够根据茶叶、茶具销售情况，提出货品调配建议	货品调配知识

高级

职业功能	工作内容	技能要求	相关知识
一、接待	（一）礼仪	能保持形象自然、得体、高雅，并能正确运用国际礼仪	1. 有人体美学基本知识及交际原则 2. 外宾接待注意事项 3. 茶艺专用外语基本知识
	（二）接待	能够用外语说出主要茶叶、茶具品种的名称，并能用外语对外宾进行简单的问候	
二、准备与演示	（一）茶艺准备	1. 能够介绍主要名优茶产地及品质特征 2. 能够介绍主要瓷器茶具的款式及特点 3. 能够介绍紫砂壶主要制作名家及其特色 4. 能够正确选用少数民族茶饮的器具、服饰 5. 能够准备调饮茶的器物	1. 茶叶品质知识 2. 茶叶产地知识
	（二）茶艺演示	1. 能够掌握各地风味茶饮和少数民族茶饮的操作（3种以上） 2. 能够独立组织茶艺表演，并介绍其文化内涵 3. 能够配制调饮茶（3种以上）	1. 茶艺表演美学特征知识 2. 地方风味茶饮和少数民族茶饮基本知识
三、服务与销售	（一）茶事服务	1. 能够掌握茶艺消费者需求特点，适时营造和谐的经营气氛 2. 能够掌握茶艺消费者的消费心理，正确引导顾客消费 3. 能够介绍茶文化旅游事项	1. 顾客消费心理学基本知识 2. 茶文化旅游基本知识
	（二）销售	1. 能够根据季节变化、节假日等特点，制定茶艺馆消费品调配计划 2. 能够按照茶艺馆要求，参与或初步设计茶事展销活动	茶事展示活动常识

注：本标准对初级、中级、高级的技能要求依次递进，高级别包括低级别的要求。

主要参考文献

陈文华，余悦.2004.茶艺师——初级技能、中级技能、高级技能［M］.北京：中国劳动社会保障出版社.

陈文华.1999.中华茶艺基础知识［M］.北京：中国农业出版社.

陈子法，徐传宏，等.2006.茶艺［M］.北京：中国劳动社会保障出版社.

陈宗懋.1992.中国茶经［M］.上海：上海文化出版社.

丁以寿.2008.中华茶艺［M］.合肥：安徽教育出版社.

高运华.2005.茶艺服务与技巧［M］.北京：中国劳动社会保障出版社.

李浩.2007.中国茶道［M］.海南：南海出版公司.

乔木森.2005.茶席设计［M］.上海：上海出版社.

童启庆，寿英姿.2000.生活茶艺［M］.北京：金盾出版社.

徐传宏.2006.茶百科［M］.北京：农村读物出版社.

杨涌，崔学勤，等.2008.茶艺服务与管理［M］.南京：东南大学出版社.

詹罗九.2003.名泉名水泡好茶［M］.北京：中国农业出版社.

张忠良，毛先颉.2006.中国世界茶文化［M］.北京：时事出版社.

郑建新、郑毅.2006.黄山毛峰［M］.北京：中国轻工业出版社.

图书在版编目（CIP）数据

茶艺．基础知识/冯小琴主编．—北京：中国农业出版社，2012.4（2018.6重印）
中等职业教育农业部规划教材
ISBN 978-7-109-16553-3

Ⅰ.①茶… Ⅱ.①冯… Ⅲ.①茶—文化—中等专业学校—教材 Ⅳ.①TS971

中国版本图书馆CIP数据核字（2012）第024338号

中国农业出版社出版
（北京市朝阳区农展馆北路2号）
（邮政编码100125）
责任编辑　杨金妹

中国农业出版社印刷厂印刷　新华书店北京发行所发行
2012年5月第1版　2018年6月北京第3次印刷

开本：787mm×1092mm 1/16　印张：7.25
字数：155千字
定价：19.00元
（凡本版图书出现印刷、装订错误，请向出版社发行部调换）